给孩子的
第一本自律书

自律的孩子更出众
自我控制，是强者的本能

慧海 著

当代中国出版社
Contemporary China Publishing House

2021年·北京

图书在版编目(CIP)数据

给孩子的第一本自律书 / 慧海著. -- 北京：当代中国出版社，2021.5
ISBN 978-7-5154-1116-3

Ⅰ.①给… Ⅱ.①慧… Ⅲ.①自我控制—儿童教育—家庭教育 Ⅳ.① B842.6 ② G782

中国版本图书馆 CIP 数据核字（2021）第 059717 号

出版 人	曹宏举
责任编辑	陈 莎
策划支持	华夏智库·张 杰
责任校对	康 莹
出版统筹	周海霞
封面设计	尚世视觉
出版发行	当代中国出版社
地 址	北京市地安门西大街旌勇里 8 号
网 址	http://www.ddzg.net 邮箱：ddzgcbs@sina.com
邮政编码	100009
编辑部	（010）66572264 66572154 66572132 66572180
市场部	（010）66572281 66572161 66572157 83221785
印 刷	三河市长城印刷有限公司
开 本	710 毫米 ×1000 毫米 1/16
印 张	13.5 印张 180 千字
版 次	2021 年 5 月第 1 版
印 次	2021 年 5 月第 1 次印刷
定 价	48.00 元

版权所有，翻版必究；如有印装质量问题，请拨打（010）66572159 转出版部。

唤醒孩子的自律

德国著名思想家歌德说过:"谁若游戏人生,他就一事无成;谁不主宰自己,永远是一个奴隶。"一个人想要成功,最重要的是要懂得如何主宰自己,而主宰自己的前提就是做到自律。没有自律能力的人,不能主宰自己的人生,是没有未来的。孩子也一样,自律能力对孩子而言非常重要。

孩子缺乏自律能力主要表现为不能理性地控制自己的行为。比如,家长不允许孩子再买玩具,孩子也同意了,但是当孩子看到新款式的玩具时,会禁不住诱惑,不断地祈求家长买给自己;又如,孩子该打预防针了,在去医院的路上,妈妈已经和他进行过一番沟通,孩子答应打针时不哭,但是才刚进医院的大门孩子就大哭起来;再如,孩子不爱吃蔬菜,妈妈花了很长时间给孩子讲吃蔬菜的好处与不吃蔬菜的坏处,孩子当时答应以后会多吃蔬菜,但等到吃饭时他依然不愿意吃蔬菜。对于孩子这些前后不一的行为,其实都是孩子缺乏自律的表现。

没有自律能力的孩子,他们的行为、情绪、思考问题的方式非常容易受到外界因素的影响,在以后的人生中,当面临生活中的各种困难和压力时,他们会显得非常脆弱,情绪很容易失控。而有自律能力的孩子可以拥有更美好的未来,其原因如下:

1. 有自律能力的孩子才能融入集体生活

在孩子未来的生活中，融入集体的过程是必须要经历的。社会是由人组成的，人是社会的一分子，可以说集体生活无处不在：小的时候，孩子需要融入学校这个集体中；长大之后，步入社会，他们需要融入工作团队、亲友团队、邻里团队等。能否适应集体生活，对孩子的成长至关重要。那么，怎样才能让孩子适应集体生活呢？任何一个团队都有其规则，遵守规则，才能被团队接受并融入其中。因此，有自律能力的孩子才能遵守规则，才能适应社会。

2. 有自律能力的孩子能集中注意力

注意力决定着孩子的学习能力，某位著名记忆大师曾说："没有注意力就没有记忆力。"注意力是学习的前提，是增长知识的敲门砖，而一旦注意力不集中，孩子的学习能力和认知能力都会大大降低。

有良好自律能力的孩子才能摒除外部因素的干扰，能够很好地控制自己，心无旁骛地集中精力做自己想做的事情，学习更多有用的知识，开阔视野，成就美好未来。

3. 有自律能力的孩子心胸宽广

在与他人相处的过程中，有自律能力的孩子能够包容他人的过失，接受不同的意见、观点，从而形成海纳百川的胸襟及宽广的胸怀，在以后的人生道路上少走弯路。

4. 有自律能力的孩子能很好地调节自身的情绪

情绪的好坏影响着人的身体健康、事业成败和人生幸福与否。心理学家经过长期研究认为：人与人之间的智商并没有明显差别，然而为何有的人成功了，有的人却失败了呢？这与各自的情绪调节能力密切相关。从某种意义上讲，人们能够通过调节情绪来提高生活品质，激发自身潜力，抑制负面情绪的冲击，从而对生活始终保持着热情。因此，有自律能力的孩子能够很好地调节自身情绪，对生活始终充满着热情。

总的来说，有自律能力的孩子能够更好地融入集体生活，敞开心扉接纳不同的事物与观点；能够很好地调节自身的情绪和行为，更好地提升自己；能够更快适应社会，克服困难，最终获得成功，拥有美好未来。相反，没有自律能力的孩子，在今后的生活、学习中会处处受到掣肘，很难有光明的前景。

自律和不自律的孩子，可能有截然不同的人生。

明明有一大堆作业要做，却总是管不住自己再多玩一会儿，不是翻箱倒柜地找吃的，就是玩手机、看电视，时间就这样一点一滴地过去，到了实在不能再拖的时候才猛然醒悟，然后"奋笔疾书"，最后草草了事。这样一来，作业的质量可想而知。每当要考试时，就后悔自己当初怎么没有努力一些，后悔那些白白浪费的时间。到下一次，又是一样管不住自己，又是一样后悔，于是陷入了不自律的恶性循环中。

康德说："自由即自律，自律是最大的自由。"孩子未来的路要自己走，没有任何人可以代替，想要在未来能有更多的选择和机会，自律必不可少。孩子能够养成自律的好习惯，既是解放孩子，也是解放父母。自律是孩子迎接成功的最佳姿态。身为父母，让我们努力掌握一些恰当的教育方法，唤醒孩子的自律吧！

目 录

第一章　做理想中的自己：激发孩子自律的内在动力

自律不是目的，而是达成目标的工具 / 2

没有内驱动的自律，没有任何意义 / 5

亲子互动小活动：描述理想中的自己 / 8

亲子讨论：理想中与现实中自己的差距 / 11

如何才能跨越理想与现实的"鸿沟" / 14

有针对性地激发孩子自律的内在动力 / 17

内驱力，让孩子主动选择自律 / 20

第二章　有切实意义的目标能改变人生

设立目标，可以让孩子不再虚耗精力 / 24

如何设立有切实意义的目标 / 27

协助孩子把大目标拆解成小目标 / 30

保证每天都有可实现的目标任务 / 33

亲子讨论：为每个目标都定好截止期限 / 36

列出实现目标的具体行动清单 / 39

提前做好"临时变动"的应对预案 / 42

第三章 与孩子达成契约：抛弃奖惩教育

惩罚有效，同时会带来叛逆与沮丧 / 46
抛弃奖惩教育，唤醒孩子的自律 / 49
行为契约法，让孩子养成自律的好习惯 / 52
父母应该如何与孩子制定"行为契约" / 55
不开空头支票，"行为契约法"才会有效 / 59
给孩子足够的契约执行自由 / 62
如何应对孩子违约后耍赖 / 64

第四章 立刻行动起来：帮孩子成为高效行动派

与其空想，不如立即行动起来 / 68
千万不要打击孩子的行动积极性 / 72
怎样引导孩子克服懒惰 / 75
孩子总是三分钟热度，怎么办 / 78
如何应对孩子的迟迟不行动 / 81
亲子互动监督：今天的事今天做 / 84

第五章 成就感与获得感：孩子自律的"加油站"

测一测孩子的自律能力 / 90
没有正反馈，再自律也会半途而废 / 94
用成就感与获得感为孩子加油 / 97
引导孩子真正从内心享受成就感 / 100
合理降低对孩子的期望值 / 103
用孩子擅长的事帮其建立自信 / 106

目录

　　孩子懈怠时，需要开启鼓励模式 / 109

第六章　远离诱惑和借口：减少干扰，自律更容易

　　父母玩手机，孩子凭什么写作业 / 114
　　不自律的父母，很难培养出自律的孩子 / 117
　　别让自己成为孩子自律的阻碍 / 120
　　以身作则，是世界上最好的教育 / 123
　　必要时，收起那些扰乱生活的杂物 / 127
　　如何为孩子创造自律的环境 / 130
　　别让孩子总拿借口做挡箭牌 / 134

第七章　积极的自我暗示：引导孩子正确面对"自律损耗"

　　自律是一种有限的资源 / 138
　　诱发自律损耗的情况有哪些 / 142
　　人们应该如何面对自律损耗 / 146
　　如何引导孩子面对自律损耗 / 150
　　帮助孩子学会积极的自我暗示 / 153

第八章　开心游戏学自律：轻松培养孩子的自律能力

　　玩游戏也能培养孩子的自律能力 / 158
　　延迟满足：神奇的"糖果效应"训练 / 161
　　规则遵守：带孩子玩指令游戏 / 164
　　情绪自律：十分刺激的"抓卧底"游戏 / 167

行为自律：为期一周的自律计划 / 170
自律强化：奖品与惩罚，双人互动游戏 / 174

第九章　创造全新的未来：自律贯穿孩子的一生

习惯训练：把自律基因植入孩子生活 / 178
理财训练：花钱，更需要有自律能力 / 181
守时训练：一点一滴强化孩子的自律能力 / 184
独立训练：根治孩子的"依赖症" / 187
合作训练：孩子会自律，合作才顺利 / 190
诱导训练：强化孩子的自律能力 / 193
挫折训练：教孩子用自律调节不良情绪 / 196

参考文献 / 199

后记：自律的孩子更出众 / 200

第一章
做理想中的自己：激发孩子自律的内在动力

自律不是目的，而是达成目标的工具

每个孩子都有属于自己的未来，但未来的路，只能自己去走，没有任何人可以代替。身为父母，我们希望孩子在未来能够有更多的选择与自由，那么，自律就必不可少。正如康德所说"自由即自律，自律是最大的自由"，让孩子养成自律的好习惯，既是孩子的精神财富，也能让孩子足够自由，又可以解放父母，可谓一举多得。

今天，在各种各样的家庭教育理念中，"自律"是一个高频词，无数家长已经充分认识到自律的重要性，也在想方设法提升孩子的自律能力，但大多数人都陷入了一个误区，即把培养孩子的自律能力作为最终目的。

我们先来深入认识一下什么是自律。自律是指行为主体的自我约束、自我管理，是以事业心、使命感、社会责任感以及人生理想和价值观作为基础。简单来说，自律就是一种对自我的约束和管理，但需要明确的是，并不是自律的人，就一定能够有光明而又美好的前途。

自律从来不是一个目标，而是实现目标的工具。身为父母，我们把培养孩子的自律能力作为终极目标，显然是非常狭隘的。人生目标才是自律最强大的驱动力，没有人生目标的指引，没有内在的驱动力，自律就无法带给我们力量。

在现实生活中，不少孩子都是"间歇性自律"或者叫"间歇性自虐"。

在考试前夕,他们很自律,每天按时写作业,深夜还在勤勤恳恳地学习,就是为了考个好成绩。但有时候他们又像泄了气的皮球一样,对学习毫不上心,不管父母怎么督促、老师怎么鼓励、同学们如何带动,都挽救不了其失去自律后的自我放弃。

晚上固定时间写作业,是个好习惯。虽然不少孩子能够自律地在固定时间主动坐到书桌前,但一会儿削铅笔、一会儿要喝水、一会儿要吃水果、一会儿玩玩具,不知不觉半个小时过去了,结果什么都没写。实际上,这种现象就是典型的错把自律当作目标,错把固定时间写作业当成目标。

我们不是要把自律当成目标,而是要把自律当作达成目标的工具。倘若孩子明确了提高成绩才是目标,自律只是帮助我们提高学习效率,完成学习任务,那么自律就会变得有意义、有价值,可以有效避免因盲目自律而带来的空虚感。

自律是达成目标的工具,要想让自律发挥出真正的价值,我们首先要帮助孩子找到自己的人生目标或者说是人生的使命或梦想。

诸如鼓励孩子"做自己想做的事"之类的励志鸡汤很多,但很少有人告诉父母,极度迷茫的孩子怎么去找到"想做的事",怎么去找到"真正热爱,愿意一生为之奋斗的目标"。实际上,帮助孩子找到自己的人生目标并不复杂,可以尝试以下方法。

(1)在忙碌的学习生活中找出完全空闲的一个小时。关掉手机、关掉电脑、关上房门,远离所有的学习任务,保证这一个小时里没有任何外界干扰。这一小时只属于孩子自己,及其找到人生目标。

(2)准备几张大白纸、一支笔。

(3)在第一张白纸最上方中间的位置,写下一句话:"我这辈子活着是为了什么?"

（4）接下来要做的，就是回答这个问题。把脑海中闪过的第一个想法写下来，任何想法都可以，可以只写几个字。比如，"考年级第一名""改变世界""飞出地球"等。

（5）不断地重复第（4）步，直到想法突尽为止。这个方法看上去似乎很傻，但它确实有效，要想找到真正的人生目标，就必须先剔除脑海中所有"伪装的答案"。

尽管孩子的心智还不成熟，但他们仍然会受到整个社会的影响，他们的思维、经历、认知等都会受到外界观念、主流思维的影响，只有剔除掉这些，才能找到实现人生目标的真正答案，而真正的答案，来自孩子的内心最深处。

没有内驱动的自律，没有任何意义

现实生活中，很多父母要求孩子按时起床、按时上学、按时写作业。孩子在父母的管控下，一直过着"自律"的生活，但按时写作业并不等于把作业完成好，按时上学也并不等于在学校里完成了高质量的学习，没有内驱动的自律，实际并没有什么意义，只会营造出一种看似自律的假象而已。

派克在《少有人走的路》书中曾提道：所谓自律，就是主动要求自己以积极的态度去承受痛苦、解决问题。换句话说，自律就是我想好好写作业，我就认认真真地写作业，我想每天背单词，我就每天背单词。而不是父母叫了好几遍才起床，闹铃响了一次又一次还是赖床，甚至不惜上学迟到。

自律的行为背后要有内驱动，也就是自我驱动力。所谓的自我驱动力，从字面意义上理解就是不断驱动自己前进的力量。这个力量来自孩子自己，而不是外界强加的。这种力量是什么呢？就是孩子自己想要变得更好的欲望。

一般来说，每个孩子对自己的现状都不是那么满意，几乎每个孩子心中都有一个更好的自己，更聪明、更优秀、更招人喜欢……想要自己变得更好是自我驱动的来源，而自律是自我驱动的手段。

譬如，孩子想成为学霸，所以制订了详细的学习计划；孩子想说一口流利的英语，所以每天坚持背单词；孩子想成为文艺会演舞台上"最耀眼的存在"，所以每天放学后都积极训练彩排……每个孩子都有自我驱动的原动力，但真正能做到自律的孩子很少，原因很简单，那就是每个孩子都不得不面对的一个现实：懒。

懒得起床，再睡一会儿多舒服，于是上学迟到就成了家常便饭；懒得学习，学习多么枯燥又无聊，哪有电子游戏有趣，于是沉迷游戏荒废了学业；明明这道题不会做，但懒得向老师、父母请教，请教了还有可能被说"笨"，于是就不去主动寻求解决的办法，情况变得越来越糟糕……

很多孩子并不是真的缺乏自律的内驱动力，而是因为懒，懒得起床、懒得上学、懒得写作业、懒得请教老师同学、懒得去面对生活中早已存在的各种问题。与此同时，绝大多数孩子又会为自己的懒惰找各种各样的借口：今天身体不舒服实在不想写作业就不写了；今天和同学闹了点小矛盾，心情不好，明天再学习……尽管不少孩子在找借口的时候，也会在心里告诫自己下不为例，但往往事与愿违，很多下不为例的事到最后都成了生活中最常见的存在。

自律的内驱动力来自内在的动力，但要克服惰性、学会自律，少不了外界的刺激和帮助。父母可以通过外界的刺激和帮助，来引导孩子克服惰性，让内驱动力发挥作用，养成自律的好习惯。

外界环境的变化，会刺激人的内在需求。例如，小K鼓起勇气打算好好学习，并当众立下要在期末考试中进入班级前十名的誓言，结果期末考试却考了三十名，同学们虽然没说什么，小K却感到万分难堪，于是痛定思痛，在接下来的半年内疯狂学习，成功挤进前十名。

每个孩子的内心都有自律的内驱动力，父母要善于通过外界刺激的方式，唤醒孩子内心的力量。

1. 引导孩子好好爱自己

患有拖延症的孩子，都有点不自信、缺乏安全感。实际上，每个孩子都有一个安全界限，超过了这个界限就会没有安全感，于是他们拒绝改变，哪怕改变会让自己变得更好。因此，要想改变孩子拖延的现状，激发他们内在的自律活力，父母就要引导他们学会好好爱自己，帮助他们变得自信起来。

2. 引导孩子为自己的时间做预算

自律就是自我照顾，当孩子觉得自己很有价值、所做的事情很有价值的时候，他们必然会珍惜自己的时间，为自己的时间做预算。时间长了，就会自然而然地养成自律的好习惯。

亲子互动小活动：描述理想中的自己

现实生活中的每个人都有对自己不满意的地方：不够风趣幽默，希望成为一个有趣的人；工作能力不够强，希望成为一个收入颇丰的职场精英；长相不够出众，希望能有一个好相貌……实际上，不光大人心中隐藏着一个理想中的自己，孩子也一样。当因为粗心被老师批评时，孩子也希望自己能够更细心；当被其他孩子欺负时，孩子也希望自己能更勇敢……

理想中的自己，是激发一个人朝着更好的方向努力的动力。身为父母，我们要想培养孩子的自律能力，就必须要找到孩子自律的内心驱动力，而唤醒孩子心中"理想中的自己"就是一个非常有效的办法。

请提前准备好两大张白纸、笔等工具，和孩子一起来描述理想中的自己吧！

1. 话题引入

在开展"描述理想中的自己"这项亲子活动时，一定要做好话题引入工作。倘若孩子刚写完作业，父母突然拿着纸笔，直接和孩子说："咱们一起来描述理想中的自己吧！"如此突兀地引入话题，要么会让孩子心生疑惑，搞不懂父母想干什么；要么会让孩子心生警惕，认为父母此举可能有诈，如此一来，亲子活动自然难以取得好的效果。

在活动开始前，做好话题引入非常重要，那么父母要怎样引入这个话题才显得自然呢？

实际上，话题引入并不困难，孩子平常喜欢的绘本、故事书、动画片、动漫人物等都可以成为绝佳的引入话题，比如孩子非常喜欢变形金刚，那么我们就可以在孩子玩变形金刚的时候，和孩子谈论为什么喜欢变形金刚，变形金刚身上有哪些闪光点，是不是想成为变形金刚，想成为什么样的变形金刚……从而引入描述理想中的自己这一活动中来。

父母在日常家庭教育中，要善于抓住合适的契机开展活动。当孩子言语、神情中都表示特别羡慕某人，或者觉得某人多么厉害时，父母就可以趁势引导孩子说一说某人哪里厉害，想不想像某人一样厉害，假如你现在扮演着造人的女娲，你想把自己造成什么样的人……这也是一种非常好的话题引入方式。

2. 活动过程

成功引入话题后，父母与孩子就可以一起来描述理想中的自己。活动中，采用轮流交替的描述方式，比如父母先给孩子描述理想中自己的一个特质或特点，与此同时，孩子把父母描述中的特质或特点记在纸上，既可以采用文字记录方式，也可以图文结合来展现，然后孩子向父母描述理想中的自己一个特质或特点，父母把孩子所描述的特质或特点记在纸上，双方轮流交替……

活动过程中，双方要尽可能多地把理想中的自己描述得清楚、细致，在描述的过程中，双方可以相互交流、沟通、启发，直到再也想不出其他特质或特点为止。

最后，孩子和父母交换各自描述理想的记录，并分别陈述对方理想中的自己是什么样子，若陈述有误，对方可随时进行更正或补充。这一环节，可以加深孩子对自我的认知，有助于唤醒孩子自律的内在动力。

3. 活动进阶

描述理想中的自己,这种亲子互动小活动,可以在不同的时间段开展,比如年初可以开展一次,年底再开展一次,孩子幼儿园时期可以开展,上小学一年级时可以开展,小学毕业、初中毕业时也可以开展……父母可以有意识地在孩子的一些重要成长节点开展这一亲子互动活动,每次活动后写满"理想中自己"的纸张都要妥善地保管起来,一段时间之后,我们可以在开展下一次的活动时,把以往几次的描述记录都拿出来,前后对比一下,让孩子发现自己想法的变化,从而有意识地改变努力的方向,找到最适合自己的成长道路。

活动小贴士:本活动既可以由父母双方中任意一人与孩子一同开展,也可以一家人都参与进来。这项活动既有助于建立融洽的亲子关系,也可以有效激发孩子自律的内在精神动力,对于父母来说,这也是一次非常有益的自我成长。

亲子讨论：理想中与现实中自己的差距

不管是父母还是孩子，心目中都有一个理想中的自己，然而多少次信心满满地制订计划、豪言壮语地立下誓言，结果却往往不了了之。"靡不有初、鲜克有终"就是很多人惰性的画像。

孩子自己也非常希望有一个好成绩，也为此做出了很多努力，可为什么结果总是不尽如人意呢？理想中的自己与现实中的自己，总是存在巨大的差距，这种差距就是横亘在孩子面前的最大障碍，需要孩子用强大的自律能力去克服的最大困难。

父母可以有意识地和孩子开展一场亲子讨论——理想中与现实中自己的差距。有对比，才有进步的动力和前进的方向。

可以先准备一大张白纸，红蓝两色的笔或其他两种不同颜色的笔，然后就可以开始我们的亲子大讨论了，如下表所示。

讨论记录对比表

理想中的自己 （用红色笔）	现实中的自己 （用蓝色笔）	理想与现实的差距
（1）成绩优异，是班里人人羡慕的学霸	（1）学习成绩一般，努力一点就进步一些，稍一放松就会落后	（1）距离成为学霸任重而道远，但只要好好学习，是有机会实现理想的，想实现成为学霸的理想，需要做……

续表

理想中的自己 （用红色笔）	现实中的自己 （用蓝色笔）	理想与现实的差距
（2）人缘好，大家都喜欢和我玩……	（2）脾气不太好，常常会和同学、伙伴发生摩擦	（2）想有一个好人缘，就必须要改一改坏脾气，想改变坏脾气，需要做……

关于讨论的内容，父母要和孩子一起填写到讨论记录对比表上，既要分析孩子理想中与现实中自己的差距，也要专门制作一份自己的讨论记录对比表，让孩子参与父母理想中自己与现实中自己的差距对比中来。

这样做的目的有三个：

一是父母和孩子一起找差距，双方都参与进来了，会让孩子感觉到公平，倘若父母什么都不做，只要求孩子做，那么孩子必然会感觉不公平，从而影响亲子讨论的顺畅进行，把一个双向交流的活动变成父母单方面要求孩子执行的上下级强制性活动，就失去了亲子讨论的教育意义。

二是父母是孩子最好的老师，父母以身作则，给孩子做表率，树立一个好的榜样，更容易在潜移默化中影响孩子、引导孩子朝着自己期望的方向发展。

三是父母和孩子都分别列出了理想中与现实中自己的差距，那么就可以为后续的跨过理想与现实之间的鸿沟，通过自律与理想中的自己设立一个对比，形成一种竞争的关系：父母可以借此督促孩子自律，孩子也可以反过来监督父母，双方相互鼓励、监督、交流经验、寻找不足之处等，有利于双方的共同成长。

每个人心目中都有一个理想的自己，但在现实生活中，能够真正成为理想中自己的人却是少之又少，这是为什么呢？

实际上，每个人的大脑都在同时扮演着两个截然不同的角色：一个是高级的策划人角色，我们很擅长给自己制订各种各样的计划，让一切计划都显得非常完美；一个是低级的执行者角色，计划到了真正需要执行的时候，总会打不同程度的折扣。就像手工制作一样，看别人做了一遍，大脑说会了、很简单，但真正动起手来，却做不好甚至完全做不了。

从本质上说，理想中的自己与现实中的自己，之所以存在巨大差距，最根本的问题就出在行动力上。孩子没有行为自律能力，会被懒惰支配，今天不想起床所以上学迟到了，明天心情不好什么都不想学，久而久之，理想中的自己与现实中的自己就会拉开一条越来越深的鸿沟。

孩子的行为一旦被懒惰支配，形成习惯，那么想要改变就变得非常不容易。父母培养孩子的自律能力，一定不要忽视惯性的力量。人们往往都是按照惯性去生活，很少去思考自己的行为是否需要改变。除非孩子自己愿意改变，否则没有人能让孩子改变。父母要引导孩子思考自己的行为，正视理想中与现实中自己的差距，并实事求是地去分析如何缩小这种差距，这是孩子找到自律的不竭动力。

如何才能跨越理想与现实的"鸿沟"

心理学领域有一个著名的跳蚤试验:将跳蚤放置于容器中,然后盖上一个透明玻璃板,这时一拍桌子,跳蚤就会受惊跳起来碰到玻璃,反复几次后,它的跳跃高度会降低并不再碰撞玻璃,此时即使我们拿走玻璃,它也无法跳出容器。跳蚤是一种非常善于跳跃的动物,并非是它跳不高,而是它给自己"设了限",再也突破不了这个限制了。

其实,人又何尝不是如此呢?在屡次碰壁的情况下,人也会出于自我保护的本能,在潜意识中给自己设立一个"高度",并在它的暗示下告诉自己:一定不能越雷池一步,否则就会受到伤害。一旦给自己设立了心理限制,哪怕能力再强、水平再高,最终也难以突破自己、创造出的奇迹。

父母要想激发孩子自律的内在动力,就要引导孩子正确对待理想与现实之间的"鸿沟",帮助孩子学会突破自己,逾越"心理高度"。只要敢想,世界上没有什么不可能,心有多大,舞台就有多大。

例如,××学校为了丰富学生的学习生活、增强其身体素质,专门组织了一场长跑比赛,起点是学校正门口,终点则是30公里以外的××公园门口。

赛程一出,同学们七嘴八舌地议论:

第一章 做理想中的自己：激发孩子自律的内在动力

"天啊，整整30公里？我们又不是马拉松运动员，怎么可能完成？"

"所有人都要参加吗？好担心自己跑到半路直接'挺尸'，能不能请假逃过去？"

"谁提议的要组织长跑啊？30公里，这根本不能完成任务啊！"

"30公里，反正我跑不到终点，爱怎样怎样吧！"

到了比赛这一天，哨声一响，同学们纷纷向终点跑去，尽管大家看起来争先恐后，跑得很有激情，但谁也不相信自己真能坚持到终点。8个小时过去了，绝大多数同学基本上放弃了比赛，开始慢慢走，甚至一边走一边聊天玩耍，只有一个同学始终朝着终点努力前进，最后他成功到达了终点，并取得了这次长跑比赛的第一名。

当比赛结束举行领奖仪式时，很多同学都想知道他为什么坚持到了最后，原来他是一个新来的转校生，上学第一天就来参加长跑比赛，事先根本不知道要跑多远。由于和其他学生零交流，所以恰好没有被他们的消极言论影响，正所谓"无知者无畏"，他在赛跑线路标示牌的指引下，一路前进，最终成功到达了终点。

如果他从一开始就认定"这是不可能完成的任务"，那么就算使尽浑身解数，也无法成功抵达终点。相反，因为他没有给自己"设限"，那么逾越心理高度就没什么困难，成功也会变得相对简单。

在现实生活中，孩子难免会受到社会规则、惯性思维等的影响，从而不知不觉地给自己设立各种各样的"限制"，比如不认为成绩倒数可以逆袭成第一名、理想中的自己不可能成为现实等，对于这些限制，父母要引导孩子去打破它们，只有这样才能最大限度地激发孩子的自律动力。

那么，具体来说，父母要如何引导孩子打破那些看不见的"限制"呢？

1. 帮助孩子扭转失败的消极观念

当孩子失败、受挫、碰壁的时候,他们难免会有失落、沮丧的情绪,这时,身为父母,一定要帮助孩子消除消极观念,千万不要让孩子因为失败了几次,就灰心丧气放弃前进。俗话说,失败是成功之母,越是在失败的情况下,越是要努力消除失败所带来的消极影响,这是找到自律心理动力的重要一步。

2. 让孩子保持乐观积极的态度

成功学大师拿破仑·希尔曾说过,"积极的心态,就是心灵健康的营养"。乐观积极的态度不仅能够帮助孩子战胜失败后的沮丧,还能给孩子带来无穷的力量,进而将孩子反败为胜的雄心发挥到极致,把潜能淋漓尽致地释放出来。只有让孩子保持乐观积极自信的姿态,才能让孩子少给自己心理设限,才能更轻松地越过理想与现实之间的"鸿沟"。

3. 不要让孩子被负面舆论影响

人是社会性动物,容易在不知不觉中受到周围舆论的影响。人人都指责"你错了"的时候,就算你坚持的是真理,也会忍不住动摇。如果我们整天都处在负面舆论中,那么即便再胆大、再有能力的人也会逐渐被同化、屈服,因此我们要有意识地让孩子远离负面舆论,尽可能地减少负面舆论对孩子思想和行为的不良影响。

有针对性地激发孩子自律的内在动力

好莱坞大片《阿甘正传》曾感动了无数人,故事的主人公阿甘并不聪明,他的智商只有75,远远低于正常人,他却战胜了同学的歧视和侮辱,不但成功进入大学,还在乒乓外交的球台上获得国会勋章,并最终拥有了自己的捕虾船,成为亿万富翁。

很多时候,一个人不能成功,并不是因为不够聪明,也不是因为缺少背景,而是因为从未真正认识过自己。

要想有针对性地激发孩子自律的内在动力,身为父母,必须引导孩子认清自己,知道自己是什么样的人,只有这样,孩子才能把自己摆到正确的位置上去。只有让孩子先找到那个"未知的自己",才能更好地激发潜力,主动自律,创造奇迹。

小晴是一个精力十分旺盛的孩子,她总是被新鲜、有趣的事物所吸引,她看到同学跳舞,就立即让爸爸妈妈给自己报舞蹈班,听到班里有同学能说一口流利的英语,又央求父母给自己报个英语班……不过,她做事总是耐力不足,不管是舞蹈课还是英语课,学习都是"三分钟热度",最终半途而废。

为什么小晴不能坚持到底呢?很显然,这是缺乏自律能力导致的。追根究底是因为小晴从没有想过:自己擅长什么、自己想学什么,怎样才能扬长避短……而总是被新鲜有趣的事物吸引。

小晴先后上过舞蹈班、英语班、绘画班等，但无一例外地很快就厌烦，并转战其他学习班。转眼5年过去了，其他同学在各自的课外学习领域都小有所成，小晴却在不停地换学习班的路上越走越远。

随着时间的流逝，她与同学之间的差距越来越大，小晴内心痛苦而又无助，这时父母的话给了她启发："你是一个没有耐心的人，非要去做需要有耐心的事，怎么可能会一帆风顺呢？"

一语惊醒梦中人，小晴开始地认真思考：我是一个怎样的人？我适合学什么？我应该怎样规划自己的学习和生活？

3个月的"自我认知"和思考后，小晴重新定位了自己的学习方向和成长道路，并成功应聘到了校广播台做主播，对新鲜事物永不厌倦的性格，让小晴在校广播台如鱼得水，仅仅用了1年时间，她就成了在本地区都小有名气的校园主播。

如果孩子不能充分地认识自己、了解自己，那么从一开始就会选错"前进"的方向。比如，明明极富创意和想法，却非要去做不断重复的枯燥工作；明明肢体不够协调，却想在体育领域奋斗成为运动员，这怎么可能不碰壁呢？

要想让孩子找对通往成功的路，就一定要帮助孩子认识"未知的自己"。那么，作为父母，怎样才能帮助孩子看到一个更真实、更客观、更立体的自己呢？

1. 自我分析法

自我分析法，即深呼吸，充分冷静下来，放空思绪与自己的内心对话：我是怎样一个人？可以在纸上分别列出两组反义词，如热情—冷漠、自信—自卑、勤奋—懒惰、积极—消极等，然后客观理智地进行一项一项的勾选，那些勾选出来的形容词，组合起来就是真实的自己。

2. SWOT分析法

SWOT：S代表Strength，即个人的优势；W代表Weakness，即个人的劣势；O代表Opportunity，即机遇；T代表Threat，即存在的风险。这是现代企业用于分析自身实力的一种常用方法，能够简单快速地帮助孩子找到自身的优点和缺点，从而为扬长避短、改正缺点提供参考。

3. 问卷调查法

一个人对自身的认识往往带有很大的主观性，如果担心"当局者迷"，我们不妨帮助孩子做一个关于性格、脾气、优点、缺点等的小问卷，然后邀请孩子的朋友、同学、老师等填写问卷，征求大家对孩子的看法、评价，周围人对孩子的认识，这往往要比父母对孩子的认知以及孩子对自己的认知更客观、更透彻，这项小调查能够非常有效地帮助孩子认清自己。

内驱力，让孩子主动选择自律

一个人成功与否，差别不在于天赋高低，而在于是否拥有持续的自律能力。历史上许多成功的人都承认，他们之所以会成功是有毅力能坚持到底。

父母都期待孩子独立、自主和自律，但是现实生活中常常事与愿违：早上起床，父母不催，孩子就不起，上学就会迟到；晚上写作业，父母不时时刻刻盯着，孩子就开小差，明明二十分钟能写完的作业，在书桌上坐到十点多了还没怎么写；一玩起游戏来，就没完没了，明明之前说好了只能玩半个小时，可孩子会有这样那样的理由想要多玩一会儿……为什么孩子不能自律一点呢？

无数父母因辅导孩子写作业而头疼不已，实际上这种苦恼很大一部分原因就来自孩子自律能力的缺乏，孩子不自律，永远不知道什么时间要做什么事，对写作业这件事没有概念，于是父母们只好一遍一遍地提醒、一句又一句地催促，殊不知这些提醒与催促让孩子不胜其烦，对于激发孩子的自律力并没有太多帮助，只能暂时对孩子的行为产生一定影响力。再多的怒吼、训斥、责备，也只是治标不治本，要想真正解决孩子的这些问题，还是要激发出孩子自律的内驱力，让孩子自律，主动约束和管理自己的行为。

那么，如何让孩子自律呢？

1. 让孩子列出自己想做的事

描述理想中的自己，讨论理想中与现实中自己的差距，引导孩子跨越理想与现实之间的"鸿沟"，实际上我们在前文已经勾勒出孩子前进的整体图景。父母们可以据此来引导孩子列出自己想做的事。

可以采用"头脑风暴"的方式与孩子一起把想做的事情都写下来。需要注意的是，在头脑风暴的过程中，父母要遵循不评论、不指责的原则，不论孩子写下来的事情是不是合理，都请暂时不要发表意见和看法，而是让孩子把每一个想法都记录下来，这是对孩子最基本的尊重。

当孩子把所有想法都记录下来后，父母再和孩子讨论，哪些是合理的、可以做的，哪些是需要调整的。

需要注意的是，父母一定要记住，给孩子的自由是有界限的，并不是孩子想怎样就怎样。比如，孩子想看一天电视，那么父母就要提醒孩子，要遵守家里关于看电视时间的约定。父母要有意识地引导孩子学会评估、合理安排自己的事情，在尊重孩子的前提下明确底线。

2. 和孩子一起制作行为自律表

那些孩子想做且能做的事情，都可以制作成行为自律表。需要注意的是，父母一定要和孩子一起制作行为自律表，要带着尊重孩子的心态，让孩子参与，给孩子发言权。行为自律表必须和孩子一起制定、一起执行、一起修改完善。父母要注意有没有对孩子进行各种告知、命令和不合理要求。行为自律表不是父母控制孩子的工具，而是启发孩子自己思考、自我管理的有效方式，父母要给孩子时间去思考，让他说出自己的想法，给他选择的机会。其实当父母尊重孩子，让孩子参与制订计划时，孩子往往更愿意去做那些自己想做的事情，体现出更强的自律性。

3. 记录孩子完成行为自律表的情况

这项记录工作，父母可以和孩子一起来完成。如果孩子年龄很小，还不会写字，父母可以邀请孩子用创造性绘画、涂色、贴五角星、拍照等多种方式来记录。只要是孩子积极主动完成的自律行为，都要一项不落地记录下来，不管孩子记录的好不好、记录的是否规范，都不重要；重要的是，父母可以通过记录让孩子看到自己的行动，体验到自律带来的好处，并逐步在自律中找到自信。

需要提醒父母的是，要想让孩子主动选择自律，就一定不要用奖励剥夺孩子的能力感。对于孩子来说，自己想做的事情，能规划好、做好，说明自己是有能力的，但倘若做这件事有非常诱人的奖励，那么孩子的行动力就变成了为获得奖励而去做，不适当的奖励不仅不会激发孩子自律的积极性和主动性，反而会剥夺孩子体会内在充实感、能力感的机会，以致让孩子依赖于外部奖励。

第二章
有切实意义的目标能改变人生

设立目标，可以让孩子不再虚耗精力

美国哈佛大学在 1953 年曾对当时的毕业生做过一项有关目标的追踪研究。研究人员询问这些参与研究的毕业生，对未来是否有清晰的目标和实现目标的计划，并收集了答案，经过统计后发现有清晰目标且有达成目标计划的学生只有不到 3%。1973 年，研究人员回访了当初接受过调查的学生，并得出一个有意思的结论：有清晰目标且有达成目标计划的学生，其财富总和竟然大于另外 97% 学生的财富的总和，且事业成就，快乐和幸福程度也高于其他 97% 的学生。这就是设立目标的强大力量。

"凡事预则立，不预则废。"当人的行动有了明确的目标，并能够不断地把行动与目标加以对照，可以清楚知道自己与目标的差距时，人的行动动机就会得到维持和加强，从而自觉地克服一切困难，努力达到目标。

要想培养孩子的自律能力，就一定要引导孩子设立自己的人生目标。目标可以主导孩子的命运与成就，它是驱使孩子不断向前迈进、坚持行为自律的原动力。若孩子心中没有明确的目标，往往就会陷入虚耗精力与生命的泥潭，就如一个没有方向盘的超级跑车，即使拥有最强有力的引擎，最终仍发挥不了作用。

美国前副总统格尔和妻子，在孩子小时候，曾专门抱回了一只小狗，并请朋友帮忙训练。第一次训练时，驯狗师向这对夫妇提出了令人非常意

第二章 有切实意义的目标能改变人生

外的问题——"小狗的目标是什么？"

这个问题让夫妇俩始料未及，两人面面相觑，摸不着头脑地回答道："一只小狗的目标当然是做一只小狗。难道还有什么另外的目标吗？"夫妇俩想不出小狗还能有什么目标。驯狗师听完夫妇俩的回答后，非常严肃地摇了摇头，然后说："每只小狗都要有一个目标。"夫妇俩经过严肃、认真的商议之后，最终为小狗确立了一个目标：白天陪孩子们玩耍，晚上看家。后来，小狗果然被驯狗师训练成了孩子的好朋友和家的守护神。做一只狗都有目标，更何况是做一个人。

身为父母，我们希望孩子有清晰的人生目标，并能够为了实现目标而养成自律的好习惯。在现实生活当中，父母往往会把自己的期望强加于孩子身上：

"你看邻居家的××，每天都去上舞蹈课，身姿挺拔，多好看，我专门去了解过了，学舞蹈××老师那里最好，我已经给你报班了，接下来你的目标就是成为舞蹈班里最靓的'仔'，加油哦！"

"这个学期成绩怎么下降了这么多，尤其是数学，居然都没有考及格，这样下去怎么行，我已经给你订好了一个月的数学专项学习计划，必须每天严格执行，赶紧把落下的数学补上来。"

……

实际上，父母把自己的期望强加给孩子的做法，在现实生活当中非常普遍。从表面上来看，孩子确实有了一定的目标，但需要注意的是，这些目标并不是他们自己设定的，而是父母强加的，这就意味着孩子内心对目标不一定认同，如果孩子不认同或存在一定程度的不认同甚至是抵触，那么"目标"对于孩子来说就等同于没有目标。

有些父母可能会说，"我希望孩子能自己设立目标，但问题是，父母一放手，孩子就放羊，别说设立目标、制订计划、自律执行了，连最基础的每天写作业都能给赖掉……"孩子之所以是孩子，就是因为他们的生理、心理都不成熟，还不能完全独立地处理好所有事情，因此在设立目标这个问题上，父母不宜放任不管，也不能把自己的期望强加在孩子身上，而是应当选择一个折中的方式，在深入了解孩子关于目标的看法、真实想法及征求孩子意见、建议的基础上，协助并监督孩子设立一个可行、正确的目标。

需要注意的是，父母在协助孩子设立目标时，一定要做好孩子价值观的引导，比如孩子的目标是"成为打游戏最厉害的人""成为学校里的老大""打遍天下无敌手"等，那么父母必须"及时出手"，让孩子重新设立正确、积极的目标，而不是让孩子在错误的道路上越走越远。

如何设立有切实意义的目标

当我们与孩子就目标问题深入沟通后，就可以形成一个初步的目标方向，如孩子渴望在学习成绩上有所提升或希望在绘画、音乐、运动等方面有长足的进步，那么就可以结合孩子的实际情况和真实想法，找出一个或多个可以设立为目标的方向。

接下来，父母就要引导孩子设立具体目标。"有志者立长志，无志者常立志"，要想避免孩子"常立志"，在协助孩子设立目标时，就要注意设立有切实意义的目标，不可好高骛远。那么，怎样设立有切实意义的目标呢？

1. 目标一定要可视化

准备纸笔，让孩子把想要达成的目标写下来，既可以是一个目标，也可以是多个目标；既可以是学习领域的目标，也可以是生活上的目标。告诉孩子，先不用考虑是不是能达到目标，只要是希望达成的目标，都只管写下来。

父母一定要让孩子拿笔在纸上把目标写下来，不可采用电脑打字、平板打字、录音、录视频等其他形式，这是因为写的过程实际上就是一个让孩子加深印象的过程，这个过程必不可少。

孩子写完后，可能会显得非常杂乱，没关系，让孩子整理、归纳自己写出来的目标，然后一条一条列成清单，直到哪怕是刚认字的小孩，都能看明白这个目标清单。此外，父母还可以引导孩子，向全家人阐述自己究竟要做什么、要达到什么目标，通过阐述也可以起到再次强化孩子目标意识的作用。

2. 必须设定时间期限

再激动人心的目标，如果不行动，那么目标就永远只是目标，而无法成为现实。要想让孩子成为一个实干家而不是空想者，父母就必须要协助孩子为目标设定时间期限，以提升孩子行动的紧迫感，激发孩子的自律动力。

具体来说，时间期限的设立要科学，要尊重客观事实，实事求是地安排时间期限，比如让一个没有任何奥数基础的孩子，一个月就成为奥数高手，这显然是违背常理的，对于孩子来说，也是几乎"不可能完成"的目标。既然目标根本就没希望完成，那么努力还有什么意义呢？不切实际的目标、过短的时间期限，都会打击孩子的行动积极性。但时间期限也不可过于宽松，倘若明明一个小时就能做完的事情，结果时间期限给了一整天，那么会助长孩子拖延的坏习惯，对培养孩子的自律能力没有好处。

3. 明确达成目标可能遇到的障碍

任何一个目标的达成都不会是一帆风顺的，总是会遇到这样或那样的障碍或困难。父母要引导孩子对即将遇到的障碍或困难有一定的心理准备。

可以让孩子认真思考三个问题：一是要达成目标，最担心什么；二是现实和目标之间，最大的障碍是什么；三是你计划怎样去解决。同时，要求孩子把对这三个问题的看法写下来，然后全家人可以一起交流如何克服障碍等，让孩子有一个遇到障碍后的心理预案。

4. 明确达成目标需要的支援

孩子想提升学习成绩，就需要父母为其提供相关的学习资源，比如报学习班、找名师指导等。目标制定后，父母要和孩子一起明确达成目标需要的支援。俗话说"磨刀不误砍柴工"，把达成目标需要的相关物品、场地、适宜的环境等都准备妥当，行动起来自然会顺畅无比。

5. 朝着目标立即行动起来

正如巴顿将军所说，"下一次战争胜利取决于执行，而不是计划，任何地图，无论比例多么精确，它都不能带着它的主人在地面上移动半步；任何国家的法律无论多么公正，它都不可能防止罪恶的发生"。只有行动才能使目标变成现实，行动是克服拖延症、治疗遇事逃避的良药，行动让孩子的内心变得更强大，对整个目标的实现更有信心和底气。一切自律归根结底还是落实到行动上。只有督促孩子行动起来，目标的设立才有意义。"明日复明日，明日何其多"，有了目标，就要马上行动起来。

协助孩子把大目标拆解成小目标

20世纪80年代,日本有一个非常有名气的马拉松运动员叫山田本一。1984年的东京国际马拉松邀请赛,高手云集,当时的山田本一只是一个名不见经传的日本选手,但他出人意料地夺得了此次马拉松比赛的冠军。

对于山田本一这位突然冲出来的"黑马",许多人都认为这只是偶然现象,毕竟马拉松是一项考验体力和耐力的运动,爆发力和速度都没那么重要,只要是体力好、耐力好的参赛运动员,谁都有可能成为冠军。

1987年,意大利国际马拉松邀请赛在意大利北部城市米兰举行,山田本一代表日本参加比赛,这一次他再次获得了冠军。

一个人怎么可能会偶然获得两次世界冠军呢?山田本一在自传中揭开了自己获得冠军的秘密:

每次比赛之前,我都要乘车把比赛的线路仔细看一遍,并把沿途比较醒目的标志画下来,比如第一个标志是银行,第二个标志是一棵大树,第三个标志是一座红房子,这样一直画到赛程的终点。

比赛开始后,我就以百米冲刺的速度奋力向第一个目标冲去,等到达第一个目标,我又以同样的速度向第二个目标冲去。四十几公里的赛程,就被我分解成这么几个小目标轻松地跑完了。

起初，我并不懂这样的道理，常常把我的目标定在40公里以外终点的那面旗帜上，结果我跑到十几公里时就疲惫不堪了。我被前面那段遥远的路程给吓倒了。

实际上，孩子实现目标的过程和跑马拉松是一样的，如果没有把大目标拆解成一个个的小目标，那么孩子直接会被大目标吓倒，失去自律和行动的动力。目标是需要分解的，当我们协助孩子把大目标分解成小目标时，目标的激励作用就显现出来了。当孩子实现了一个目标时，就能得到一个正面激励，这对于培养孩子的自律能力是非常重要的！

那么，如何帮助孩子把大目标拆解成小目标呢？

1. 拆解目标的流程

把大目标拆解成小目标，简单来说就是把目标进行细化，细化到每天的行动上。其核心流程为：目标→指标→步骤→行为。

第一步是把目标转化为指标，比如孩子想考过钢琴×级，那么就可以把这个目标转化为需要学会哪些曲目的具体指标；第二步是把指标拆解成步骤，即先学哪个曲目，再学哪个曲目，什么时候复习学过的曲目等；第三步是把步骤落实到行动上，即学会一个曲目，大概需要多少课时，需要多长时间的练习等，并据此做出行动计划，什么时间学琴、什么时间练琴，然后真正按照计划行动起来，坚持下去。

父母根据孩子设立的不同目标，按照目标→指标→步骤→行为的流程，帮助孩子把大目标拆解成一个又一个容易实现的小目标。

2. 公示拆解后的小目标

当我们帮助孩子把大目标拆解成小目标之后，要和孩子一起把小目标整理成可视化的材料，比如表格等，并贴在孩子视线所及的范围内。当孩子每天醒来、睡前、吃饭时,都能看到自己设立的目标,并想象自己实现目标的样子,那么必然会激发孩子的行动热情,加速孩子目标的达成。

3. 进度和成果监控

每天衡量进度、检查成果,是避免孩子拖延、鼓励孩子继续行动的好办法。父母可以专门为孩子准备一些贴纸,每天完成预定的小目标后,就让孩子把贴纸贴到目标可视化的表格当中,当孩子看着自己的贴纸一天天多起来,就会对自己更有信心,行动起来也会更加积极。倘若孩子没能及时完成一天的目标,那么父母也能及时发现,并督促孩子改正、补救,不致出现整个大目标被荒废的糟糕情况。

保证每天都有可实现的目标任务

把大目标拆解成小目标，关键的一个原则是：保证每天都有可实现的目标任务。也就是说，我们协助孩子把目标量化为指标，制定出步骤，再落实到行动上还远远不够，还必须把行动量化到每一天，让孩子每天都有可实现的目标。

在二战期间，著名作家兼战地记者西华·莱德先生，在一次跳伞逃生时降落到了缅印交界处的丛林里，当时是8月，他必须面对酷热的天气、季风带来的暴雨以及恶劣的丛林环境，也没有其他选择，必须翻山越岭往印度走，全程140英里。

西华·莱德曾在美国《读者文摘》上撰文描述了当时的情景："才走了一个小时，我的一只长筒靴的鞋钉扎了另一只脚，傍晚时双脚都起泡出血，我能一瘸一拐地走完140英里吗？别人的情况也差不多，甚至更糟糕。他们能不能走呢？我们以为完蛋了，但是又不能不走。为了在晚上找个地方休息，我们别无选择，只好硬着头皮走完下一英里路。"

"继续走完下一英里路"，是西华·莱德给自己的最好忠告，在后来的写作工作中，他也一直在坚持"继续走"。

当开始写一本25万字的书时，西华·莱德一直不能静下心来，甚至想放弃不写了，但他强迫自己不去想一整本书要怎么写，而是只去想下个段落怎么写，一段又一段，6个月的时间，他除了一段一段不停地写之外，什么也没做，最后他成功完成了任务。

西华·莱德还接过每天写一个广播剧本的差事，写完一个又一个，每天都在写，不知不觉他竟然写了2000个，对此他调侃道："如果当时签一张'写作2000个剧本'的合同，我一定会被庞大的数目吓倒，甚至把它推掉。好在只是写完一个剧本，接着又写一个，就这样日积月累真的写出了这么多。"

"千里之行，始于足下"，哪怕是难以达成的目标，只要父母能够帮助孩子把大目标细化为小目标，并且落实到每一天的具体行动中，那么日积月累，就一定能够完成那些"几乎不可能"的目标。

下面我们以背英语单词为例，详细阐述为了保证每天都有可实现的目标，具体应该怎么做，需要注意哪些问题等。

3个月背诵900个英语单词，相信很多孩子都会觉得非常困难，甚至会产生"这怎么可能"的惊叹，我们可以化繁为简，进而把执行层面的任务落实到每一天的行动上。

如果想3个月背诵900个英语单词；具体到每个月，则需要背诵300个单词；平均分配到每天，需要背诵10个单词。

实际上，每天背10个单词，对于很多孩子来说，并不是不可能的事情。假设，利用每天早晨20分钟、晚上20分钟来背单词，早晨20分钟时间记5个单词，晚上记5个单词，临睡前再把一天新学的10个单词复习一遍。那么，3个月记900个单词的任务并不艰巨。

需要注意的是，涉及学习和记忆的目标，父母在给孩子设计每天的可实现目标时，千万不要忘了安排"复习"时间，记忆遵循艾宾浩斯遗忘曲线规律，倘若没有复习，就会出现"狗熊掰棒子"的尴尬局面，一边学习一边忘记，到最后只能记住最新的学习内容。

此外，父母还要因材施教。不同的孩子性格不同，有些孩子拥有非常强的进取心、进攻性、自信心和成就感，愿意与他人竞争，但容易紧张，父母就可以通过设置"竞争""奖励惩罚"等方式来进一步激发孩子行动的积极性，让孩子主动自律起来，约束自己；有些孩子性格不是特别要强、与世无争，对任何事物皆泰然处之，耐性很好，但往往内心动力不足，这时父母在设计每天可实现的目标时，就要多给孩子加油打气，鼓励他们积极行动、努力进取；还有些孩子，热衷于给自己设立目标，也擅长制订详尽的行动计划，行动起来会满腔热血、充满激情，但激情来得快、消退得也快，容易出现虎头蛇尾、半途而废的情况，所以父母要有意识地在目标实现的中期给孩子设计一个"强心针"，让孩子重新燃起热情，竭尽全力地完成任务，从而实现目标。

亲子讨论：为每个目标都定好截止期限

在和孩子一起为每个目标定好截止期限之前，首先要对孩子的自律能力有一个整体的认识，只有这样才能"对症下药"，制定出最适合孩子的目标截止期限。

以下几个小测试，可以帮助广大父母测试孩子的自律能力。

测试1：陪孩子穿珠子

在陪孩子穿珠子之前与孩子约定，必须完成将50颗珠子穿完的任务。如果孩子不同意，则取消他参加游戏的机会。

如果孩子能够坚持完成任务，说明孩子自律能力很好，家长应继续努力，让孩子更加优秀；如果孩子半途而废，不愿继续完成任务，则说明孩子缺乏自律能力。很多时候，孩子对新事物感兴趣，然而很多孩子总是三分钟热度。家长需要提醒孩子，一定要遵守事先约定好的规则，鼓励孩子要有耐心，不应半途而废，让孩子学会坚持。

测试2：让孩子等待20分钟再看电视

当孩子提出要看电视的要求时，家长不要立即答应，而是很清楚地告诉孩子："现在不是你看电视的时间，再过20分钟才可以看电视。"让孩子等待20分钟，在这段时间里，注意观察孩子。

如果孩子哭闹不已，说明孩子缺乏自律能力。这时家长可以给孩子一些建议,比如,先讲几个故事、唱几首歌等,或是让孩子自己选择做些事情。如果孩子还是不愿等待,那么家长一定要坚定立场,耐心地给孩子讲道理。

如果孩子答应等待20分钟,不再纠缠家长,则说明孩子的自律能力很好。家长需要在孩子等待的时间里,根据孩子的表现及时表扬、鼓励孩子。

测试3:让孩子品尝失望

和孩子约定好周末去海边玩耍,并承诺买一只海螺送给他。结果到周末却下起了雨,无法按原计划去海边玩耍。面对失望,有的孩子能够很好地调节情绪,很快走出负面情绪,这样的孩子自律能力很强。也有一些孩子则会因此不开心,并无礼地纠缠家长,这时,家长可以告诉孩子:"爸爸妈妈知道你很失望,很想去海边,我们也很想去,也很失望。"让孩子认识到失望是件很正常的事情。很多时候,无论人们将计划做得多么完美,总是会出现意想不到的状况。而让孩子适应失望,就能提高孩子应对突发状况的能力。

著名文学家高尔基曾经说过:"哪怕是对自己小小的克制,也会使人变得坚强。"更多时候,父母需要给予孩子的不是一味地满足,而是一点小小的克制。

在了解了孩子的自律能力之后,拿出纸笔以及之前已经制定好的每天可实现目标任务,然后和孩子一起来给每一项任务都设置一个截止期限。

截止期限可以让孩子感受到紧迫感,从而主动行动起来,奋力完成目标。人人都有惰性,倘若目标没有任何时间上的限制,那么孩子就很容易向现实妥协。比如今天心情不好,明天再说;外边下雨了,雨好大,出门学琴的事还是算了,向老师请个假……

倘若没有截止期限，孩子往往会找各种各样的借口，"反正还有时间，不着急，慢慢来"，结果一天过去了，一个月过去了，孩子却什么都没干。因此，为目标设定截止期限是非常有必要的。

在设定截止期限时，父母要和孩子协商好，达成一致。特别需要注意的是，要结合孩子的实际情况来定截止期限。

有些孩子行动迅速、专注力好、做事效率高，往往能够在很短的时间里保质保量完成任务，对于这样自律性强的孩子，父母在设立截止期限时，应该本着稍微宽松的原则，并告诉孩子，只要能在截止期限完成，其他空余时间可以用来玩耍，以此来激发孩子的行动积极性。

有些孩子不管干什么都是拖拖拉拉的，即便是吃饭也是如此，没什么积极性。对于这样的孩子，很显然短时间内让他们从一个重度拖延症变成一个超级自律的人是不可能的，因此父母在设定截止期限时，要遵循循序渐进的原则，比如孩子按照平常拖拉的做事习惯需要花 1 小时能完成的任务，我们可以先给 1 小时，一段时间后，只要孩子都能够按时完成，可以把时间适当缩短 5 分钟、10 分钟，直到孩子可以战胜拖延症。

列出实现目标的具体行动清单

1890年,美国钢铁大王卡内基在匹兹堡参加了一场鸡尾酒会,在这场酒会上,有人给卡内基引荐了一位名叫泰勒的年轻人。这位年轻人自称是一个管理学顾问,卡内基对泰勒十分感兴趣,听说他精通管理学之后,直接对泰勒说:"年轻人,如果你能告诉我一些关于管理学方面有用的东西,我就给你1万美元的支票。"

在19世纪90年代,1万美元可不是一笔小数目,而是不折不扣的一大笔钱,卡内基的话让酒会上交谈的人们瞬间安静了下来,所有人都想听一听这个名叫泰勒的年轻人会给卡耐基什么样的建议。

出乎意料的是,泰勒的建议一点儿也不高深,而是非常简单,听起来一点专业性都没有,他说:"卡内基先生,我建议您列出10项要做的最重要的事,然后,从第一项开始做起。"

围观的众人纷纷为泰勒错失1万美元而惋惜,毕竟如此简单的回答,并不像很有价值的样子。但令人想不到的是,一周后,泰勒真的收到了卡内基的支票,正好是1万美元。

那么,卡内基为什么会爽快地支付给泰勒1万美元呢?事实上,列清单是管理学中最基本的知识,却不仅仅如此,卡内基得到的并不只是一张清单的建议,还包括去深入理解重要事项与可做事项之间的关系。

在管理学领域，列清单是提升企业管理效率的有效工具，实际上列清单的办法，同样适用于对孩子的培养和教育。

目标是孩子一生的"启明星"，而能否在目标的指引下行动，则直接关系着孩子的未来能走多远。要想提升孩子达成目标的行动效率，列出实现目标的具体行动清单是非常有必要的。

父母在协助孩子列行动清单时，一定要明确列清单的目的，列清单不等于流水账，也不等于把待办事项罗列到一起。具体来说，列行动清单应注意以下三个问题。

1. 明晰问题

孩子一天要做的事情很多：吃饭、睡觉、上学、玩耍、写作业……这些要做的事情，有些在孩子的脑海里是清晰的，有些却是模糊的。但模糊并不代表着不需要去做，而是孩子未有效整理，不知道具体该做哪些部分。此时写下来，就是一个非常好的提炼和明晰问题的有效方式。

让孩子提笔把脑海中要做的事情写下来，这个过程就是一个过滤外部信息、提炼信息、总结并量化和清晰需要做的事情的过程。这个过程可以让孩子更深入理解所做事情的意义与价值，对提高孩子的行动效率、自律能力很有帮助。

2. 促进行动

孩子达成每天行动目标的挑战并不是每天每小时做什么，而是把抽象的清单目标转化为实际的行动，从而一步一步完成，达到想要的效果。因此，有时候，父母还需要协助孩子将一个复杂的目标，分解成可以执行的子目标，并从各个维度推进。

所以，整理清单的过程，除了要起到明晰目标、不会让孩子忘记的作用之外，还需要制订可行的方案和路线图，从而保证孩子在行动的过程中

第二章 有切实意义的目标能改变人生

不会偏离主题,也不会落下某个要点。

3. 分配精力

孩子设立目标后,就追着某件事去做,表面看起来这确实是一个好现象,说明孩子的行动自律能力很强,实际上这并不是一个可取的方式。

人的精力是有限的,在具体的行动中,孩子很容易做一件事,而忘掉另外一件事;或者在一件事情上投入了太多的时间和精力,而没有时间和精力去做好另外一件重要的事。

比如,有些孩子很可能会因为太过于注重写作业的效率而忽略了质量,结果写的字迹潦草、错误百出;有些孩子忙于学习,而忽略了与同学、老师的相处,也忽略了身体健康,结果学习成绩不错,但人际关系紧张、身体羸弱爱生病。这些都不是父母愿意看到的。列行动清单,可以帮助孩子分配好每项事情需要投入的精力和时间,避免出现顾此失彼的情况。

事实上,引导孩子列行动清单的过程,就是一个循序渐进的过程,可以让孩子深入认识事物和理解任务。比如,从简单和易执行的计划开始列清单,孩子将会慢慢将一些重大和精深的计划也列上去,这种由表及里、从点到面、从零星到系统的提炼,这种理解问题的过程,从更高层面讲,是一种引导孩子克服个人认知局限的方法,对于培养孩子的长期自律能力非常有帮助。

提前做好"临时变动"的应对预案

俗话说,计划赶不上变化,不管是在工作当中还是生活当中,我们经常会遇到这种情况:明明事先制订好了详细的计划,可真正到了实际行动的时候,往往会遇到这样那样的"意外"情况,最后由于主观或客观的种种原因,实际行动和原定计划大相径庭。

身为父母,我们当然希望孩子能够严格执行事先制定的各种目标和任务。然而,一旦遇到孩子生病或其他意外情况,那么改变学习计划就成了必然。

可能有些父母要问,既然计划总是赶不上变化,那么我们协助孩子制定目标,一步一步分解成每天都有可实现的目标任务,还有什么意义呢?

目标、计划和行动清单等,都是有意义的。首先,孩子没有目标,就容易迷茫,从而虚耗精力,大把好时光会被浪费掉。目标可以让孩子的生活变得充实起来,避免了随遇而安、碌碌无为。其次,目标和行动清单,为孩子的进步搭建了一个循序渐进的阶梯,先干什么,后干什么,什么时间要完成什么任务,每天一点小进步,久而久之就能汇集成一个令人惊叹的"大进步";孩子履行每日行动清单的过程,就是一个不断提升自律能力的过程,还可以大大增强孩子的自信心。最后,在行动之后再回顾每日

第二章 有切实意义的目标能改变人生

目标和行动计划，对于孩子来说也是一个检讨自己的过程，哪里做得好、哪里做得不好、哪里可以有更好的解决办法……对这些问题的思考，会在无形当中让孩子变得越来越优秀。

既然制订目标和行动计划是非常有意义的，在实际执行的过程中又常常会出现始料不及的"意外"情况，那么父母在协助孩子制定行动清单和目标时，就一定要提前做好"临时变动"的应对预案，为"意外"的处理提前预留出一定的机动时间，以此保证目标的顺利达成。

可能有些父母认为，意外出现了，那就把完成目标的时间往后顺延即可，为什么还要花费心力提前做预案呢？

目标能否按计划顺利达成，直接关系到孩子的自信心，倘若几次都因为意外情况而没能按计划达成目标，那么必然会挫伤孩子的自信心，从而打击孩子的行动积极性。当孩子失去了自律的动力，就不可能养成自律的好习惯。

提前做好"临时变动"的应对预案是非常有必要的，绝不能采用事后补救的方法来处理。实际上，提前做"临时变动"的应对预案并不复杂，我们只需预留一定的时间即可，不要把时间都安排得满满当当，毕竟意外情况不可能天天发生。

比如，为期一个月的学习任务，我们可以专门设置三天的"机动时间"，这三天不安排具体的学习任务，可以是复习、课外阅读、电影赏析等，如此一来，一旦遇到孩子生病等意外情况，我们就可以通过这三天的"机动时间"来对整个学习计划进行调整，而不会导致整个学习任务延迟完成。

不管是具体到每天的计划，还是较长的周计划、月计划、年计划，总之，所有的行动计划，都要预留"机动时间"，做好"临时变动"的应对预案，以保证孩子能够在截止期限顺利完成自己的任务。只有这样，才能不断激发孩子行动的积极性和自律性。

第三章
与孩子达成契约：抛弃奖惩教育

惩罚有效，同时会带来叛逆与沮丧

对于父母来说，惩罚也是一种有效的管教方式，是日常生活中使用非常广泛的一种教育技巧。比如，面壁思过、打手心、做家务、剥夺游戏时间和做试卷……父母惩罚孩子的办法五花八门，运用起来也是相当熟练。

那么，身为父母，你清楚惩罚是怎样发挥作用的吗？

实际上，奖惩教育法源于巴甫洛夫的条件反射理论，针对孩子的犯错行为，父母通过惩罚，让孩子把犯错的行为与得到惩罚的结果相联系，久而久之就会形成条件反射，孩子为了避免被惩罚，自然就不会再犯错。

惩罚对于约束孩子的行为确实有效，同时会带来新的问题。

"我家孩子小时候特别好，现在长大了，管不住了，孩子完全放飞自我，不学习、不努力，真是愁死人了！"

"怎么孩子越长大越不服管教？天天因为管教孩子生气，血压都高了。"

"我说一句，孩子能顶十句，真不知道是我管他，还是他管我。"

"青春期的孩子真是不得了，我一管，人家立马钻进自己房间，咣当把门锁了，我进都进不去，真是养了个冤家！"

"孩子会顶撞还算好的，我家孩子就是个闷葫芦，我一说，就低着头不言不语，什么都不说，一点儿反应都没有，也不知道他听没听进去。"

第三章　与孩子达成契约：抛弃奖惩教育

……

相信，诸如此类的抱怨，身为父母的你，一定没少耳闻，为什么原来好好的孩子，随着年龄的增长，反倒会出现"顶撞""叛逆""沉默"等情况呢？

实际上，这些都是惩罚教育法带来的"后遗症"，惩罚是有效但同时会带来叛逆和沮丧。叛逆会对亲子关系造成毁灭性的打击，有的孩子甚至会在长大后与父母断绝关系，老死不相往来；长期沮丧的孩子容易形成内向、胆怯、沉默、消极的性格特质。

惩罚教育之所以会带来叛逆与沮丧，是由于在这种教育方法中父母与孩子并不平等。父母扮演着"控制者"的角色，拥有相应的武器——可以让孩子遭受这样或那样的惩罚，通过剥夺孩子的某方面需求，如剥夺自由关禁闭、剥夺玩耍的时间等，来决定孩子的行为是否被接纳，是否要施加惩罚杜绝某种行为。

绝大多数父母，都是单方面决定了孩子的行为是否被接纳，是否应该施加惩罚。扮演"被控制者"的孩子，既需要依附于父母获得必要的生存物资，又无法逃离父母会惩罚自己的恐惧。这种看似稳固的关系，之所以会随着孩子的成长而土崩瓦解，最主要的原因就是长大后的孩子很多时候不再需要依附于父母。

倘若妈妈一直采用扣零花钱的方式惩罚孩子，那么随着孩子慢慢长大，能自己赚零花钱时，妈妈也就失去了用这种方法惩罚和管教孩子的能力。同样，经常用体罚来管教儿子的父亲，随着时间的流逝，自己日渐衰老，儿子则越来越健壮，也会失去管教孩子的能力。

正如美国著名心理学家戈登博士所说："你无法控制一个不需要依赖你的人，你也无法控制一个和你没有关系的人。"

47

惩罚是一种有效的管教方式，但仅限于孩子需要依附你的阶段。好的家庭教育，从来不是父母扮演"控制者"，孩子扮演"被控制者"。哪里有压迫，哪里就有反抗，惩罚教育法必然会引起孩子的"反抗"，这种"反抗"在不同的孩子身上会以不同的方式呈现，与父母顶嘴、热衷于做父母极度反对的事、漠视父母的所有言行或是内心产生自暴自弃的想法，严重者甚至可能患上抑郁症，选择自残、轻生等。

习惯使用惩罚教育孩子的父母，一旦孩子长大，就必然会陷入无力的状态。尽管这些父母不愿意承认，但他们确实失去了控制孩子的能力，孩子再也不会老老实实地接受自己的惩罚，再也不会像小时候那样听话……

好的家庭教育，应该是"润物细无声"，在潜移默化中影响孩子，远远要比依靠惩罚去规范孩子的言行更有效。

家庭不是法庭，父母不是法官，孩子也不是罪犯。惩罚教育只会让父母与孩子站到对立面上，让亲子关系变得紧张。这种教育方法虽有效，其效果却是短暂的，无法贯穿孩子的一生，不如抛弃奖惩教育，转变为唤醒孩子的自律。一个自律的孩子，即便没有父母的管教、指导、唠叨，也能过好自己的一生。

抛弃奖惩教育，唤醒孩子的自律

奖惩教育虽有效，却会遗留各种各样的问题。只有抛弃奖惩教育，才能更好地唤醒孩子的自律。

可能有些父母会问，不使用奖惩教育法，用什么方法去教育孩子呢？难道用说教法？可是不管父母怎么念叨、督促，孩子往往都是左耳朵进右耳朵出，完全没有作用，时间长了，孩子还会嫌父母烦，对亲子关系也没什么好处。

确实，无数父母的实践表明，说教法并不是一种特别有效的教育方法，对于一些自尊心强的孩子有用，但对于那些不在意面子或者说"脸皮比较厚"的孩子，没有半点儿作用。实际上，我们可以用让孩子自省的方法来代替直接惩罚。

自省是一种高尚的、有效的进取方法。良好的自省习惯成就了很多名人。著名史学家司马迁，就有自省的习惯，最终成就了完美高尚的人格，完成了史无前例的巨著——《史记》。湘军统帅曾国藩，坚持每日三省，严格要求自己，也成就了一番事业，从此青史留名。中国人民的伟大领袖毛泽东，也是一个非常自省的人。

自省能让孩子更加深刻、清楚地意识到自身的不足。经常自省，能时刻敲响警钟，更有利于孩子的健康成长。

有一位成功的企业家，谈起自己的父母时说："从小到大，父母从来没有惩罚过我，不是因为我听话、懂事、不犯错，而是因为父母帮我养成了自省的习惯。"

自省，可以有效唤醒孩子的自律，一个对自我有清晰认知的人，能更好地控制自己的言行，管理自己的学习和生活。父母可以每天抽出半小时时间，在临睡前，和孩子一起进行当天的回顾反省，彼此交换想法、感受与心得。

那么，身为父母，我们怎样才能引导孩子养成自省的习惯呢？具体方法如下。

1. 让孩子明白自省的重要性

在孩子小时候，父母就要让孩子明白自省的重要意义。比如，父母可以给孩子讲述一些成功人士的自省故事，通过生活中的适当契机让孩子了解自省是什么、有哪些好处、人为什么要自省等。

2. 帮孩子制订自省计划

自律性差一些的孩子，需要父母进行必要的监督。父母可以根据孩子的实际情况为孩子量身制订一个自省计划，如可以让孩子每天自省一次，这样有助于强化孩子的自律能力。

3. 可以和孩子一起自省

为了更好地引导孩子自省，父母要以身作则，和孩子一起自省，告诉孩子一些自己认为做得不好的事情，或是听一听孩子自省的结果。

4. 及时表扬孩子的自省行为

当孩子通过自省发现了自身的一些不足时，父母千万不要批评，而是应当表扬孩子，如此才能够更好地调动孩子的自省积极性。

总之，父母要引导和鼓励孩子进行自省，及时发现自身的问题，自觉改正。通过孩子的自省来代替父母的批评和惩罚，这样更有助于孩子的健康成长。

刚开始，孩子可能不太习惯自省，这时，父母可以采用提问法来引导孩子。比如，问孩子："今天有没有进步？""有哪些进步？""哪些地方没有进步？""是什么原因导致自己没能进步？"如此一来，问题的关键就找到了，孩子自省的效果也会更好。

此外，要想让孩子能长期坚持自我反省，父母要积极主动地成为孩子自省的伙伴、朋友，和孩子一起进行自我反省，然后交换自我反省的心得。这样一来，一家人都能进步，还能将反省的习惯坚持下去。

行为契约法,让孩子养成自律的好习惯

教育孩子,有的时候需要放权,有的时候需要限权——管得太多,孩子会依赖父母;管得太少,孩子有可能走错路。那么,父母到底应该怎么做呢?

行为契约法,就是一种简单有效的方法,能帮助孩子养成自律的好习惯。所谓"行为契约",简单来说,就是先设定清晰明确的目标,明明白白列出孩子要实现的目标,比如作业完成要花费的时间、要完成的学习量、做试题要达到的准确率等,然后和孩子一起签订一份"行为契约",约定好一定时间内的行为。

如今,陪孩子写作业已经成为所有父母都头疼的问题,甚至已经成为"家庭关系"的头号杀手、父母身体健康的隐形杀手。无数父母抱怨陪孩子写作业,随时会情绪崩溃。所以,千万不要急着崩溃,和孩子签一份行为契约会更有效!

"先别看电视,赶紧把作业写完","写作业不要三心二意","考试怎么这么马虎,错了这么多不应该错的题"……

相信这是不少父母的口头禅,父母经常会在孩子面前这么唠叨。父母叨唠这些当然是为了孩子好,却是"好心办了坏事"。在心理学领域,类似的语言都属于负面强化,虽然用的是禁止、劝诫的句式,却在不知不觉

中强化了"看电视""三心二意""马虎"等,孩子的注意力转移到这些负面强化上,行为上表现出来的自然也是跟家长拧着来。

与其苦口婆心地对孩子进行负面强化,不如和孩子签订行为契约,直接对孩子进行正面引导。

行为契约法的关键在于用好"放权"与"限权"两大教育工具。那么,父母究竟应该怎么做呢?

小兴今年上二年级,他特别喜欢打篮球,对乒乓球则一点儿兴趣也没有。不过,他的爸爸是个乒乓球迷。而且,他的爸爸还很专制,强制小兴学习乒乓球。在爸爸的高压下,小兴大部分的课外时间都花费在了练习乒乓球上。按照爸爸的意愿,小兴一定要成为一名乒乓球选手,代表国家参加奥运会。可是,小兴一点儿也不喜欢打乒乓球,为此,小兴非常痛苦。

现实生活中,像小兴爸爸这样的家长不在少数。有的时候,孩子就想学习象棋,家长却非要孩子学习英语;孩子想要学习舞蹈,家长却非要孩子学习数学;等等。父母总是打着"爱孩子"的旗号,将痛苦施加到孩子身上。一个人不能做自己喜欢的事情,却要被迫做别人喜欢的事情,这种状况正发生在很多孩子身上。家长的理想、喜好与孩子无关。生命的价值在于选择,孩子不仅是家长生命的延续,也是一个独立的个体。他们有权拥有自己的喜好和理想,同时有按自己的喜好做出选择的权利。

身为父母,我们应尊重孩子的选择,不要因为担心孩子会选错而不给孩子自主选择的机会。一味地替孩子做决断,会使孩子失去学会自律的机会,养成处事犹豫、行事拖沓的习惯。要想让孩子成长为一个独立、自律的人,父母要学会适当放手,让孩子自己去处理问题。

当然，过度地放权也是不负责任的表现。

晨晨是家里的老大，父母都要听他指挥。早上起床穿哪件衣服需要他自己决定，穿哪双鞋子也由他自己决定。这些是孩子独立的表现，爸爸妈妈也一直以此为傲。

但是，晨晨的"独立性"太强了，就连每天上不上幼儿园都由自己决定。今天不想去了就不去了，明天想去了就去，反正家里有人看孩子，晨晨的父母也没有在意过这件事。就这样，一个月下来，晨晨的出勤率还不到百分之五。

晨晨家长这样的做法是不合理的，他们太过放纵孩子了，在任何事情上都听孩子的也是不理智的。孩子的思考能力还不足，处理问题的方式也很不成熟，很多方面都需要家长的引导及约束。因此，家长需要视情况决定是否放权。

建议广大父母可以给孩子一定的空间，在这个空间里与孩子签订契约，给孩子一定的自由，但又不触碰底线，如此一来，父母对孩子既能起到引导与约束的作用，孩子也能养成独立和自律的习惯。

父母应该如何与孩子制定"行为契约"

托马斯·戈登认为:"青春期孩子反叛的不是其父母,而是对抗他们的权利。如果父母从孩子出生起就能较少地依赖于权利,更多地依赖于非权利的方法来影响孩子,那么孩子在进入青春期的时候就没什么可反叛的。"

好的教育从来不是通过权利来实现的,哪里有压迫,哪里就有反抗,父母试图用大人的权利去教育孩子,只会得到孩子的叛逆、顶撞。也就是说,我们应该使用"非权利的方法"去影响孩子、引导孩子、教育孩子。行为契约就是这样一种"非权利的方法"。

行为契约法可以有效地加强父母与孩子之间的沟通:一来父母想制定行为契约,必须先和孩子沟通,了解孩子的真正需求;二来"行为契约"可以让孩子看到父母是讲理的,因此孩子也会更愿意和父母沟通。

那么,身为父母,我们应该如何和孩子一起制定"行为契约"呢?

1. 确定行为契约的模板

父母要选择一个合适的行为契约模板,以下可供大家参考。

行为契约（模板）

目标行为：

我（孩子的名字）承诺：在接下来的一周里，每天完成_____
_____
_____

奖惩：

如果每天能够做到以上承诺，可以_____

连续一周都能做到，则奖励_____

如果任意一天不能完成，则_____

连续一周不能完成，则_____

目标行为：

我（家长的名字）承诺：_____
_____
_____

奖惩：

如果每天能够做到以上承诺，可以_____

连续一周都能做到，则奖励_____

如果任意一天不能完成，则_____

连续一周不能完成，则_____

承诺人：_____　　　　见证人：_____

2. 填写目标行为

目标行为的确定不能随随便便，在父母第一次和孩子一起制定契约时，一定要遵循从简单到困难的原则。如果一开始就直接挑战"不玩电脑""不看电视""考试必须第一名"等高难度的目标，那么很难与孩子就目标行为达成一致，一旦孩子不接受，那么契约也就无法继续了。

此外，父母要积极参与制定契约的过程中，关于父母的目标行为，可以征求孩子的意见。比如，孩子希望爸爸妈妈有什么改变，或者孩子希望父母改变的某个行为或习惯，如"学校考试没考好的时候，不能骂我""写作业的时候，不要一直坐在我旁边盯着我"等。

父母和孩子把协商一致的目标行为分别填写到契约当中。需要注意的是，父母一定要以身作则，严格执行契约，做孩子的榜样。

3. 商定奖惩清单

奖惩清单既是契约中不可或缺的重要组成部分，也是行为契约发挥作用最重要的一步。父母可以和孩子一起商量，完不成目标要接受什么惩罚，完成目标后可以获得什么奖励。奖惩既可以是物质的，也可以是精神的，具体运用时可以根据实际情况将两者相互结合、穿插使用。

比如，针对孩子的奖励可以是增加看电视或玩游戏的时间、增加零花钱、购买想要的玩具或物品等；针对孩子的惩罚可以是扣减零花钱、做家务、给父母捶背或制作礼物等。针对家长的奖励可以是孩子的嘘寒问暖、家务豁免等，针对家长的惩罚可以是帮助孩子整理房间等。如果孩子提出的奖惩对家长没有吸引力的话，也可以由其他家庭成员提供，比如，爸爸奖励全家出游等。

4. 注意事项

父母和孩子签字承诺时，一定要注意双方签字承诺的部分，父母和孩子一定要先回顾前两个部分的内容，双方确认无误后方可签字。

父母在和孩子签订契约时，可以通过庄严的仪式感来强化孩子对行为契约的重视程度，譬如，可以像一些重要的签约仪式一样签字、握手、拍照、彼此承诺与祝愿等。经过几个简单的步骤，一份行为契约就完成了！

不开空头支票，"行为契约法"才会有效

为了激发孩子的学习热情，不少父母都会通过承诺来奖励孩子，比如"数学考了100分，就给你买遥控飞机"，"只要每天按时写作业，暑假的时候就带你到海边去玩一周"……那么，身为父母，你给孩子都承诺过什么呢？每次对孩子承诺的事情，你是否遵守诺言，都做到了呢？

给孩子的承诺，在一定程度上确实能够有效强化孩子的行为自律，但有些父母往往在孩子达到既定目标后，却把自己的承诺忘得一干二净。

有学者通过调查发现，家长的承诺变成空头支票的原因主要有三点：一是给孩子承诺的时候就是顺嘴说的，压根儿没把这件事放在心上；二是父母觉得孩子小、忘性大，好"忽悠"，不兑现也没什么关系；三是父母确实是在时间或者金钱方面有困难，难以遵守承诺。

不管是哪种原因，给孩子开空头支票都不是明智之举。承诺了却不兑现，在孩子眼里，以后不管父母承诺什么，孩子都不会当真，也会给孩子树立一个言而无信的坏榜样。从长远来看，这种做法非常不利于孩子的成长。

只有父母不开空头支票，信守与孩子的承诺，和孩子签订行为契约的教育方法才会有效，才能真正加强孩子的自律能力。

在和孩子签订"行为契约法"之前，父母可以先测测自己说话算数

的信用指数。测试方法很简单，可以直接问问孩子："你觉得我说话算数吗？"看看孩子怎么回答。倘若在孩子眼里父母说话算话，那么就可以继续后面的行为契约了；倘若在孩子眼里父母都是大骗子，则应该先与孩子建立信任关系，否则父母对孩子说什么、做什么都很难有效果。

"行为契约法"的理念是：父母和孩子之间不是简单的"命令"与"服从"的管理关系，也不是一方监督、另一方遵从的单向契约关系，而是由父母和孩子共同协商、共同遵守的双向契约关系。

因此，家长与孩子一旦签订行为契约，就一定要严格遵守承诺，双方无论是谁没有遵守承诺，都必须接受事先制定的惩罚措施，不能逃避、耍赖、找理由。

有些孩子会觉得行为契约就是父母给自己戴上的"紧箍咒"，因此会对签订行为契约产生抗拒、抵触心理，为了避免这种情况，父母可以邀请孩子一起监督契约的执行情况。如此一来，孩子会意识到，在这个行为契约当中，父母和自己是平等的，做不好也要受到惩罚，而不是只要求自己、惩罚自己。这种公平的氛围，有利于孩子接受行为契约，从而养成自觉、主动行动的好习惯。

父母参与契约的执行是非常重要的，在和孩子一起改变的同时，还能够潜移默化地让孩子学到更多东西。

青青给妈妈制定的行为目标是控制脾气、不能发火，妈妈接受并签订了契约。这天，青青把自己的小测验成绩单拿回了家，结果妈妈习惯性地火冒三丈，青青提醒道："妈妈，你要执行契约呀。"青青的提醒让妈妈愣了一下，但妈妈还是很生气，于是就出门冷静一下。出门后，青青妈妈给好朋友打电话吐槽了一番，然后慢慢平静了下来，回到家后又乐呵呵地给孩子做饭去了。青青看到妈妈的变化后,自己也更严格地遵守约定。父母以身作则,也给孩子做出了好榜样。

为人父母,不管孩子多大、是否已经懂事,都要尊重孩子,重视对孩子许下的诺言。需要注意的是,父母对孩子许诺一定要慎重,一旦许诺就必须兑现,不可开空头支票,许诺应当随着孩子年龄的增长而减少。年龄越小的孩子,自律能力越差,父母的许诺可以帮助孩子更加自律;随着孩子的成长,自律能力也会有所提升,这时许诺的次数就可以适当减少。

"一诺千金"是中华民族的传统美德。古人云:"君子一言,驷马难追。"在家庭生活中,父母一定要言而有信,只有这样才能与孩子建立信任关系,以信任为基础的父母才会在孩子面前有威信。

给孩子足够的契约执行自由

丽丽是一个特别聪明开朗的孩子。丽丽妈妈为了更好地培养女儿，花费了大量心思，从专门从事教育行业的好友那里得知了行为契约法之后，丽丽妈妈很快就付诸行动。

按照契约规定，丽丽每天都要按时完成作业，虽说和丽丽签订了行为契约，可丽丽妈妈始终对孩子缺乏信任，主要是丽丽平时虽然聪明开朗，人见人爱，但一写作业就成了一个磨磨叽叽、拖拖拉拉的"赖皮"。

刚坐到椅子上不足5分钟，一会儿"妈妈，我想喝水"，一会儿"妈妈，我要上厕所"，一会儿又"妈妈，我需要削铅笔"，一会儿又到处翻找自己的橡皮，常常是十几分钟过去了，丽丽的作业还一个字都没写。

丽丽的拖拉习惯，让丽丽妈妈非常苦恼，平时该督促也督促了、该提醒也提醒了、该发火教训也没少发火，但就是没用，孩子还是一如既往地拖拖拉拉。为了保证孩子能及时完成作业，丽丽妈妈养成了直接盯着孩子写作业的习惯。

虽然和丽丽签订了行为契约，丽丽承诺每天都会把作业写完，可丽丽妈妈怎么也不放心。当丽丽关着门写作业的时候，丽丽妈妈脑海中总是浮现出孩子又在各种磨磨蹭蹭的画面，心想：10分钟了，我得进去看看作业写了多少了，评估一下能不能把作业写完。

第三章 与孩子达成契约：抛弃奖惩教育

当丽丽妈频繁去查看孩子写作业的情况后，她忍不住对着丽丽大声说道："现在距离咱们约定的时间都过去1/3了，你居然一个字还没写？"妈妈的责怪，让丽丽非常生气，明明之前和妈妈签订契约，约定好了1个小时把作业写完，可现在明明还没到1小时，妈妈就开始训斥自己，怎么可以这样？很显然，丽丽和妈妈签订的行为契约无法再进行下去。

行为契约，是通过约定目标行为来引导孩子自律的一种有效工具，倘若像丽丽妈妈这样，明明和孩子签署了行为契约，却一点儿自由都不给孩子，时时刻刻盯着孩子的一举一动，那么培养孩子的自律能力也就成了一纸空谈。

既然已经和孩子约定好了，父母就要给孩子足够的契约执行自由，在约定的最后期限到来之前，不要去干涉、监督、检查孩子的任务完成情况。俗话说，心急吃不了热豆腐，父母多一点耐心、多一点对孩子的信心、多给孩子一点自由，等到约定的最后期限到来后，再看孩子的完成情况也不迟。

实际上，在约定的最后期限到来之前，批评训斥孩子，检查孩子的任务完成进度，也是一种失信行为。行为契约本身就是建立在信任基础之上的，倘若我们根本不相信孩子能完成任务，那么制定行为契约自然也就失去了价值和意义。

卢梭在《社会契约论》开篇中写道："人生而自由，却无往不在枷锁之中。"在家庭教育中，父母应当在行为契约或规则的基础上，给予孩子充分的自由，既有利于养成孩子的规则意识，也有助于孩子养成行为自律的好习惯。

如何应对孩子违约后耍赖

没有人愿意接受惩罚，当孩子签订行为契约后出现违约时，按照约定需要接受特定的惩罚，但是，为了逃避惩罚，有些孩子往往会使出各种各样的小手段：

有些孩子会和父母撒娇，各种讨好卖乖，希望父母能网开一面，饶过自己这一次，并承诺就这一次，以后绝对不搞特殊。

有些孩子会撒泼耍赖，反正就是"我不听惩罚内容""我不看承诺书""我不要接受惩罚"，父母怎么讲道理，孩子都油盐不进。

有些孩子还会搬出自己的靠山——爷爷奶奶或姥姥姥爷，通过寻求长辈的庇护来对抗父母，从而逃避违约后的惩罚。

还有些孩子会通过装病等方式，试图让父母心软，可以看在自己生病的份儿上网开一面。

……

有人说"孩子一半是天使，一半是魔鬼"，很显然，在逃避违约惩罚方面，孩子们成了父母眼中的"魔鬼"，各种各样的鬼点子，让父母头疼不已。

行为契约一旦制定，每个人都要严格遵守，一旦有人破例，那么行为契约也就会失去效力。因此当孩子违约时，必须要接受事先约定的惩罚，只有这样才能让行为契约继续下去，才能不断强化孩子的自律能力。

可是不少孩子，不会按照事先的约定乖乖接受惩罚，为了逃避惩罚，他们总是会闹出各种各样的"幺蛾子"。那么，父母应该如何应对呢？

1. 坚持原则，坚定立场

孩子违约后耍赖，父母千万不能妥协让步，哭闹耍赖管用，孩子才会使用，要想不被孩子的耍赖所胁迫，家长就一定要坚持原则，坚定立场。对于孩子的不合理要求，不妥协、不让步，要让孩子清楚地知道，哭闹撒泼耍赖不能达到目的，当孩子明白了这一点，也就不会再去撒泼耍赖了。

需要注意的是，有些孩子很聪明，他们往往会在公众场合耍赖，有些父母可能会因为顾忌面子而妥协。遇到这种情况，父母千万不要怕丢脸，更不要因此而妥协，妥协会助长孩子耍赖的行为，相比"面子"而言，培养孩子良好的行为习惯才是更重要的。

2. 排除干扰，执行契约

不管是孩子撒娇卖乖，还是爷爷奶奶从中劝说阻拦，实际上都是执行契约的干扰因素。对于孩子的撒娇卖乖，父母千万不要因为心软而破坏规则，如果孩子既是撒娇又是卖乖的，父母还冷冰冰地拒绝孩子的要求，又显得不太近人情。遇到这种情况，父母可以采用"转移法"来处理，比如孩子想通过撒娇躲避违约的惩罚，我们可以毫不吝啬地夸奖孩子，或者可以给孩子一个大大的拥抱，同时要告诉孩子，爸爸妈妈很爱你，也舍不得你被惩罚，但违反了约定，还是要按照行为契约接受惩罚。对于寻求爷爷奶奶或姥姥姥爷庇护的孩子，父母在和孩子制定行为契约时，一定要和老人沟通好，全家人统一战线、统一立场，让孩子没有空子可钻。

对于装病的孩子，父母可以采用"对峙"战术，千万不要因孩子生病就取消惩罚，可以通过调整接受惩罚的时间来和孩子"对峙"，让孩子明白，惩罚是不会取消的，迟早都逃不过，与其不知道悬在头上的惩罚什么时候落下来，不如直面违约惩罚，在明天或下一阶段的目标中奋勇前进，争取拿到奖励，避免惩罚。

第四章
立刻行动起来：
帮孩子成为高效行动派

与其空想，不如立即行动起来

正如俄国作家克雷洛夫所说的："现实是此岸，理想是彼岸。中间隔着湍急的河流，行动则是架在河上的桥梁。"与其空想，不如行动起来。

在日常生活中，不少孩子在父母的引导下，会给自己设立目标以及行动计划等，但到了执行时，刚开始充满干劲，可没过几天就"破罐子破摔"，又恢复到从前的状态。一般来说，在孩子听过一场讲座、被父母鼓励、被同学或外部竞争者刺激时，往往热情高涨、行动主动积极，可无法坚持到底，做事常常是虎头蛇尾。

为什么会出现这种情况呢？这是因为孩子缺乏行动力。所谓"行动力"就是一个人根据自己设定的目标，克服外在的一切阻碍，战胜自身惰性等负面心理做出实际行动的能力。通俗来说，我们也可以把行动力视为心劲，孩子是坚持行动到底还是半途而废，体现着孩子内心的力量以及潜在的自律能力。

一张无论多么精确的地图，也不可能带着人在地面上移动半步；任何成功的秘诀也无法给人带来真正的成功或是财富。一个人只有行动起来，才能使梦想和目标具有现实意义。父母要注重培养孩子的行动力，帮助孩子成为高效行动派。

一般来说，孩子"行动力差"主要表现在以下三个方面：一是时间观念差,"再等等""一会儿就开始"是他们的口头禅,对事情缺乏规划,没有时间观念,常常会把要做的事情无限后延;二是爱找借口,行动力差的孩子一旦遇到父母的询问,第一反应不是立即去做,而是找借口推托,来掩饰自己拖延的事实;三是容易依赖家长,因为行动力差,所以孩子往往不能按时完成任务,临近最后期限自然会手忙脚乱,所以需要家长的督促、协助。

对于"行动力差"的孩子,父母应该怎样做呢?

1. 以身作则,做孩子的行为导师

正如马克思所说:"你可以用各种行之有效的方法去影响孩子,可最好的方式还是你的行动。"父母要想培养孩子的行动力和自律能力,千万不能只靠嘴上说说,更重要的是要用实际行动影响孩子、教育孩子。榜样的力量是无穷的,只有行动派的家长才能培养出有行动力的孩子。要想让孩子成为什么样的人,父母就必须首先成为什么样的人。父母是孩子成长的"第一教材",父母的信心,会给孩子以自信;父母的乐观,会给孩子以向上;父母的行动,会给孩子以力量!

2. 耐心引导 + 奖励诱导

孩子行动力差,是一件让家长非常头疼的事情,但不管多么生气,也不要对孩子大吼大叫。父母一定要有控制自己情绪的能力,可以在冷静下来后,再与孩子沟通,一起找问题,共同商讨解决办法。

需要注意的是,提高孩子的行动力并不是一蹴而就的事情,父母一定要有足够的耐心,反复教导、耐心引导、悉心培养,才能有效提高孩子自主行动的能力。

为了提高孩子行动的积极性,广大父母可以给孩子设立适当的奖励,用奖励来激发孩子的行动热情,比如孩子迟迟不能完成老师布置的小作文

"我的假期"，父母就可以提出假期外出游玩的奖励，让孩子在期待中完成任务。只要控制在合理范围内，奖励就是一种激发行动力的措施。

父母都希望孩子有最好的表现，哪怕最后没能得到理想的结果，但必须有最好的态度。行动力是孩子做事的最基础层面，父母一定要重视孩子行动力的培养，只有培养孩子的高效行动力，才能保证孩子以后无论遇到什么困难，都能积极自主地去解决。

3. 帮孩子养成立即行动的好习惯

真正的成功人士都是行动者，而不是空想家。与成功者相比，失败者缺乏的就是行动。一时行动不难，难的是能够一直坚持行动。要想让孩子成为一个行动高效的实干家，我们不仅要让孩子立即行动起来，还要将孩子的行动力培养成一种良好的习惯，如此一来，自然会对孩子的成长产生深远的影响，从而帮助孩子成为一个自律的人。

一万个空洞的幻想也不如一个实际的行动，唯有行动才可以改变命运。行动是成功的阶梯。任何一种良好的行为成为一种习惯后，都会让孩子受益终身。行动力的培养同样如此。培养孩子的行动力并非一日之功，需要父母长期坚持，从生活中的小事进行培养，日积月累，一定能达到理想的效果。

此外，思维也是有"惰性"的，如果孩子总是很少思考，那么就会在不知不觉中丧失思考的能力。要想强化孩子对思维的自律能力，父母要有意识地做到以下两点。

第一，要有意识地用新鲜事物去刺激孩子的思维。长时间重复枯燥的学习，会让孩子的大脑陷入麻木无序的状态，这时候孩子只是出于惯性在学习，根本没有"自律能力"可言。而要想让孩子的大脑保持一个"可控"的状态，父母就要有意识地帮助孩子接触新事物，用新鲜事物唤醒孩子大脑的"觉察力""清醒细胞",从而实现高效思考、高度自律。

　　第二,培养孩子"在行动之前想一想"的好习惯。人在强烈情绪的刺激下,往往会做出一些"冲动"行为,结果事后又悔恨万分,导致这种现象的根本原因就是缺乏自律能力。比如,孩子明明已经想好不买玩具,可一看到自己喜欢的玩具,还是会央求父母给自己买,可买回家后就玩了一会儿便扔到角落里,这就是孩子缺少必要的思考造成的。因此,父母要有意识地培养孩子"行动之前想一想"的好习惯,这样孩子作出的决定才更理智,也更助于提高孩子的自律能力。

千万不要打击孩子的行动积极性

很多父母只看到了孩子行动力差的表象，却从没有分析孩子行动力差的内在原因。实际上，孩子行动力差的背后，有着深层次的原因。总的来说，造成孩子行动力差的原因主要有以下两个方面：一是孩子主观方面的原因，比如注意力不集中、不能长时间专注于一件事、常常三心二意等，这时父母需要重点关注的是孩子的专注力；二是父母过高的期待打击了孩子的行动积极性。

要想提高孩子的行动力，让孩子在行为上更加自律，父母千万不要打击孩子的行动积极性。在现实生活中，不少父母往往对孩子抱有"成年期待"，总是站在成年人的角度，用成年人的标准去要求孩子，殊不知，这种做法会给孩子的健康成长带来负面影响。

小石头刚从幼儿园升入一年级，父母非常重视小石头的教育，每天晚上都会陪着小石头写作业，周末还专门抽出时间陪小石头看绘本、讲故事。

但令小石头烦恼的是，不管自己怎么做，总是会被爸爸妈妈批评，"这才刚过了10分钟，你怎么就坐不住了？""写作业必须专心致志"……诸如此类的话是石头爸爸妈妈的口头禅，写作业中途喝水、上厕所、稍微休息一会儿都会被爸爸妈妈批评。

久而久之，原来行动力还不错的小石头，陷入了自我否定、自我迷茫的状态，逐渐丧失了行动的自信心和勇气，于是写作业也变得越发拖拉起来。

实际上，像小石头这样的例子，正在千千万万个家庭中发生。不同年龄、不同成长阶段的孩子，具有不同的行为特征。对于年龄小的孩子，其专注力和成年人是存在非常大差异的，父母千万不要用成年人的行动力和专注力去要求孩子，在孩子没能按时行动的情况下，也千万不要各种批评、挖苦、讽刺、训斥，否则只会打击孩子的行动积极性，起不到半点正面教育作用。

要想调动孩子的行动积极性，父母要注意以下几个方面。

1. 不要打击孩子的积极性

绝大多数孩子都有着极强的学习能力，但有些事情在刚开始的时候并不一定能做好，这时，父母千万不要打击孩子的积极性，而是应当鼓励孩子去大胆探索、大胆行动。

什么也不做的孩子永远不会犯错误，但这样的孩子将来注定一事无成，所以父母一定要允许孩子犯错误。当孩子犯错时，不要劈头盖脸地批评，而是要维护好孩子的自尊心和自信心，鼓励孩子敢于犯错、敢于面对失败，帮孩子重新找回行动的自信。

2. 不要总拿别人的孩子跟自己孩子做比较

很多父母在与孩子进行沟通交流的时候，都习惯说到"别人家的孩子"。"你看，××学习多么好，每次都考班里第一名，你再看看你，怎么每次都考那么点分"，"××家的姑娘特别懂礼貌，只要遇见长辈都会笑眯眯地主动打招呼，怎么让你和长辈打招呼就那么难"……

父母总是拿别人的孩子和自己的孩子做比较，不仅不能起到正面教育作用，还会导致以下问题：一是孩子会觉得自己很差劲，甚至会看不起自己，对自己感到失望、泄气；二是容易让孩子产生嫉妒的情绪，一旦孩子把精力花在了忌妒"别人家孩子"的事情上，那么就没有充沛的精力做自己的事。

俗话说，"尺有所短，寸有所长"，用别人家孩子的长处与自己家孩子的短处进行对比，对孩子无疑是一件非常不公平的事情。每个孩子都是与众不同的，都有自己的长处和与众不同的个性，父母要尊重孩子的个性，从孩子的实际情况出发，实事求是地针对孩子的基础制订教育方案，才能让孩子成才。

3. 不要让孩子被挫折和失败打倒

孩子在行动的过程中，必然会遇到困难、挫折，也必然会遭遇失败。失败会直接打击孩子的行动热情和行动积极性，因此要想让孩子成为高效的行动派，父母就一定不能让孩子被挫折和失败打倒。

当孩子遭遇失败灰心丧气时，父母不应用训斥或嘲讽的态度对待孩子，也不要无原则地同情和安慰孩子，而是应当理解、支持、鼓励孩子。父母可以专门拿出一些时间，平心静气地和孩子坐在一起谈谈心，让孩子认识到，失败与挫折是通往成功的必经之路，要学会用平常心去面对失败与挫折，帮助孩子找到失败的原因，鼓励孩子迎难而上，主动战胜困难和挫折。

怎样引导孩子克服懒惰

昨天就该写完的作业，结果孩子犯懒死活不写一直拖到了今天；孩子早就打算约好朋友来家里玩，可一个学期过去了始终没成行；上周末就需要复习的功课，结果都到这个周末了，孩子依然不想复习……

在现实生活当中，几乎每个孩子都有过类似的拖延经历，其实，这是"思维惰性"在发挥作用。

懒惰是人性的组成部分，表现在现实生活中就成了各种各样的拖延症。从心理学角度来讲，拖延往往会让我们为此背上沉重的心理负担：悔恨、愧疚、压力、烦躁、不安……这些消极情绪只会让人做事更没效率。要想让孩子远离这种糟糕状态，父母就必须要引导孩子战胜思维惰性，养成主动行动的好习惯。

小勇在周一放学的路上，就做好了到家后的学习规划：先写老师布置的作业，然后再练20分钟的书法，写一篇大字。

晚上7点半，小勇吃完晚饭准时坐到了书桌前，翻开作业本，突然想吃水果，于是他跑到客厅，慢悠悠地吃了一个橘子，顺便和爸爸妈妈一起看了一会儿电视，不知不觉就看了20分钟。原本打算开始写作业了，但发现自己的书桌太乱了，一会儿找橡皮，一会儿找尺子，杂乱无序的书桌十分影响心情，于是他又花了十几分钟时间收拾桌面。

作业好不容易开了头，小勇听到了电话铃声，原来是爷爷奶奶打电话过来了，小勇立马放下手里的作业，迅速冲出了书房和爷爷奶奶通电话，等和爷爷奶奶聊完已经九点多，反正书法是肯定没时间练了，还是明天再说，写作业的时间还挺充裕，索性先玩一小会儿……

结果一晚上过去了，不仅书法没有练成，大字没有写，老师布置的作业也没写完，还留了一个尾巴，只能等第二天上学前再匆匆写了。

其实，小勇的学习状态是很多孩子的真实"写照"。拖延已成了孩子们的一种行为通病，想克服却十分困难。正如参加加利福尼亚大学伯克利分校拖延治疗的一位学生所说："拖延就像蒲公英。你把它拔掉，以为它不会再长出来了，但实际上它的根埋藏得很深，很快又长出来了。"

要想让孩子战胜惰性心理，彻底摆脱拖延症，父母就必须了解拖延的心理形成机制。相关研究者认为，最可能引起拖延的心理原因有四点：对成功信心不足，讨厌被他人委派任务，注意力分散且容易冲动和目标与酬劳的兑现太过遥远。

了解了孩子拖延的深层心理原因，接下来怎样让孩子远离"拖延"，养成积极主动的行为习惯呢？

1. 坚决杜绝孩子的逃避行为

随着互联网、电脑、智能手机以及平板电脑等电子产品的快速发展和普及，越来越多的人沉迷网络，孩子也不例外，绝大多数孩子都无法拒绝手机、平板电脑上各种小游戏的诱惑。面对困难、枯燥的学习任务，孩子常常会本能地想要逃避，而网络所提供的这些五花八门的娱乐方式成了孩子暂时逃避现实的"乐园"。

父母必须要让孩子清楚，逃避不能解决问题，只会让结果变得更加糟糕，所以不管孩子面对怎样的困难和挫折，都必须坚决杜绝孩子的逃避心理，要鼓励孩子用强大的意志力让自己远离诱惑，只有这样孩子才能有望战胜惰性，戒除拖延。

2. 让孩子立即行动起来

如果孩子总是处于一种空想或思虑状态，那么自然就会变成"思想上的巨人，行动上的矮子"。在现实生活中，空想与拖延往往是一对双生姊妹花，如果做事总是瞻前顾后，前怕狼后怕虎，那么行动也就难免会拖拖拉拉。

提高行动力是战胜思维惰性的一个有效方法，父母不妨有意识地强化孩子的"行动"观念，避免孩子被毫无根据的"空想""幻想"等阻碍行动的脚步。

3. 培养孩子的探险意识

"好奇心"是孩子行动最原始的驱动力，父母要保护好孩子对新鲜事物的好奇心，有意识地培养孩子勇敢、无畏的探险意识。父母可以有针对性地让孩子参加一些诸如碰碰车、轮滑、蹦床等带有探险性质的活动，这有助于孩子养成"迎难而上"的行动习惯，对克服思维惰性、跳出固化思维有很大的帮助。

孩子总是三分钟热度，怎么办

楠楠是家里的独生女，从出生起，就一直是整个家庭的"核心"，爸爸妈妈、爷爷奶奶、姥姥姥爷，一家人总是围着楠楠转。家里的每个人都在尽心尽力地照顾楠楠，生怕她磕着碰着，怕她没人陪着，不管楠楠做什么，永远都有人和她在一起。

家人对楠楠非常重视，以至于房间里没看到她的身影，也没听到她的声音时，父母就会陷入不安："宝宝，你在哪里？怎么看不到你？你在干什么？"一直到楠楠4岁时，妈妈发现了问题：只要没人在身边，楠楠连安静地玩5分钟都做不到。随着楠楠从幼儿园升入一年级，这种情况变得更明显，不管是上课，还是写作业，抑或是她非常喜欢玩的游戏，都是只有3分钟热度，根本无法在任何一件事情上做到专注。

陪伴孩子固然非常重要，但像楠楠家人这样"无缝隙"的陪伴，反而会起反作用。过度陪伴会对孩子的专注力产生负面影响。所以，请把独处还给孩子，能独处才能更专注。

正如著名教育学家蒙特梭利所说："除非你被孩子邀请，否则永远不要打扰孩子。"

试想，如果孩子正在用手蘸上颜料，在纸上画画，陪在旁边的父母喋喋不休地说个不停：

"宝贝，你怎么还不画？"

"你准备画什么呀？"

"太阳不是绿色的，是红色的，你知道哪个是红色吗？"

"小心，小心，别把颜料蹭到衣服上。"

"这一幅画是马上要完成了吗？"

……

父母看似在陪伴孩子，实际上是在打扰孩子，破坏孩子的专注力。换位思考，假如我们是孩子，父母在我们画画或专心做某件事情的时候，一直在耳边唠叨个不停，别说专注了，很可能心里就烦得不得了。

如果想改变孩子总是三分钟热度的情形，首先要提高孩子的专注力。父母需要做的第一件事情就是——嘘，别出声。此外，还需要做到以下三点。

1. 别让孩子的玩具过多

现如今，人们的经济条件好了，家里孩子又少，每个孩子都是全家的宝贝，因此不少有孩子的家庭中，玩具数不胜数，少则一大箱子，多则甚至可以堆满一整个房间。玩具对于锻炼孩子的思维、动手、肢体协调等能力非常有帮助，但如果玩具过多，只会分散孩子的注意力。面对各种各样的玩具，自然会拿一下这个，碰一下那个，再看一下其他的，过多的玩具会导致孩子不专一。

在现实生活中，很多家庭都存在这样的情形：玩具买回来只被孩子玩过一两次，甚至一次都没好好玩过；一个玩具常常是孩子玩了还没 5 分钟就扔到一边；明明有非常多的玩具，但孩子一出门还是哭着喊着要买新玩具。

很显然，过多的玩具会破坏孩子的专注力，所以要想让孩子摆脱3分钟热度，请别让孩子的玩具过多。从孩子小时候就有意识地控制孩子的玩具数量，这对于培养孩子的专注力十分有帮助，毕竟玩具少了，孩子玩一个玩具的时间自然会延长，这会在无形当中让孩子更专注、更有耐心。

2. 培养孩子的兴趣爱好

人在做自己感兴趣的事情时，是非常投入、非常专心的。相信父母都有这样的体会：让孩子去写作业的时候，孩子往往会心不在焉、不情不愿、拖拖拉拉、丢三落四的；但允许孩子玩游戏的时候，孩子真是全神贯注，连父母在旁边喊他的名字、窗户外下了一场雨都可以全然不闻。

对于孩子来说，自己感兴趣的事情，自然会非常专注，即便有干扰也可以做到丝毫不受影响；但对于不感兴趣的事情，哪怕是没有半点干扰，他们也很难静下心来，而是常常三心二意、3分钟热度等。所以，要想提升孩子的专注力，父母不妨把孩子的兴趣与专注力结合起来。

需要注意的是，当父母看到孩子做事总是3分钟热度时，千万不要粗暴地批评孩子、阻止孩子去做其他事或强迫孩子必须把现在的事情做完，而是应当好好地和孩子沟通。3分钟热度，虽然表明孩子的专注力不足，但也从侧面说明了孩子有着旺盛的求知欲，对周围的一切都非常好奇，因此父母在培养孩子专注力的过程中，也要注意保护好孩子的好奇心、探索欲。

如何应对孩子的迟迟不行动

玲玲妈非常烦孩子拖拉的毛病，玲玲不管干什么总是迟迟不行动。玲玲妈完全不能理解：孩子为什么每件事情都要磨磨蹭蹭，为什么行动对于孩子来说如此困难，为什么非要等到自己的嗓门高八度，开始吼人了，孩子才会开始行动。

更让玲玲妈郁闷的是，孩子不仅在家里这样，在学校里也是如此。老师经常给玲玲妈发微信，说玲玲常常对老师和声细语的要求没什么反应，从来都不会按照指令行动，就像完全没听见一样，只有当老师生气了、变脸了，甚至让她站起来了，玲玲才会有所行动。

为什么费尽口舌孩子不行动，只有发火才管用？实际上，孩子迟迟不行动的表象背后往往隐藏着深层次的心理原因。

从心理学角度来分析，孩子对父母发出的声音以及指令是非常敏感的。早在婴儿时期，只要听到妈妈的声音，哪怕什么都听不懂，小婴儿的眼睛也会自然而然地追着妈妈。随着孩子逐渐成长，他能听懂的话越来越多，对父母发出的指令也愿意配合，并且能够立即行动，但为什么慢慢地有些孩子就变成了迟迟不行动的"小乌龟"了呢？

这与父母对孩子的教育有着直接关系，一些父母对孩子非常严厉，经常批评或惩罚孩子,如此一来,孩子会陷入紧张、过分忧虑的情绪当中,他们担心做错事被父母训斥,以致什么都不能做;他们被恐惧情绪支配,以致失去了行动能力。

现在孩子的生活、学习环境非常优越,但是他们快乐吗?和父辈相比,这些心理压力束缚着孩子的心灵,让他们丢失了行动的内在动力。作为父母,我们应及早地发现问题并加以解决。

1. 不要把父母的意愿强加给孩子

很多家长都认为自己是孩子的父母,有权利为孩子决定所有的事情。特别是孩子小的时候,家长总认为孩子没有判断事物的能力,所以采取大包大揽的做法,为孩子铺好所有的路。

这些家长表面上看是爱护孩子,实际上是在害孩子。家长的这种行为会导致孩子独立性差,对父母的依赖过多,以致孩子没有独立解决问题和承受挫折的能力。一旦遇到问题,孩子首先想到要父母来帮忙解决,父母没在身边,他们就会陷入茫然中,而迟迟不肯行动。殊不知,人生的很多时候,父母是无法陪伴的,只能让孩子独自面对。

2. 不要强迫孩子学习各种技能

为了让孩子不输在起跑线上,于是,各种各样的早教班、辅导班、特长班受到家长们的青睐。但是,有很多家长只是一味地追风,并没有考虑到孩子的意愿,而是强迫孩子去上各种培训班。孩子在承受学校学习压力的同时,又在各种特长班中煎熬,对于自己完全不感兴趣甚至是抵触的事情,孩子又怎么可能会痛痛快快地行动呢?

3. 不要暴力惩罚孩子

法国作家罗曼·罗兰说:"人的一生当中应该做点错事。做错事,就是长见识。"毕竟,孩子是稚嫩的、不成熟的,他们成长的过程其实就是不断犯错误的过程,也是不断改正错误、掌握方法的过程。家长对孩子的教育应该讲究策略和方法,不能一味地打骂,应该多了解他们的内心世界,多点理解、支持和鼓励,千万不要在孩子内心埋下过分担心被惩罚的恐惧种子,否则孩子会产生"多做多错,不如什么都不做"的想法,在遇事时迟迟不肯行动也就不足为奇了。

4. 不要过度保护孩子

美国的一位儿童心理学家说:"有十分幸福童年的人常有不幸的成年。"他指出,那些很少遭受挫折的孩子长大以后会因不适应激烈竞争和复杂多变的社会而深感痛苦。作为家长,不应该在孩子遇到问题时事事亲力亲为,而应该教会孩子独立行动。父母应该尽力帮助孩子把挫折变成财富,不要让孩子养成自怨自艾的习惯,不要让孩子被消极情绪影响。

亲子互动监督：今天的事今天做

在日常生活中，很多孩子都有拖延的毛病。有的孩子因为对某件事情没有把握，因为过于追求完美而拖延；也有的孩子在做一件重要的事情时，因为紧张而拖延；还有的孩子因为讨厌一件事情而拖延……总之，拖延的现象随处可见。为了拖延，这些孩子会找各种各样的借口来为自己开脱，因为有了借口他们就会心安理得。结果，拖延也就成了他们的习惯，而且是一种恶习。

当拖延成了孩子的习惯，这个恶习就会吞噬掉孩子的意志、心灵，让孩子丧失进取心。而孩子没有了进取心，做起事来就会一拖再拖，最后也只能以失败告终。

其实，生活中有很多孩子处处磨蹭、事事拖拉，而拖延一旦形成习惯，就会给孩子的生活和成长带来许多麻烦。因此，作为家长，如果发现孩子有拖延的习惯，就应当抓紧时间帮助孩子改正。

当然，拖延并不是天生的，而是由于种种原因后天形成的。对于孩子来说，拖延的情况一般分为两种，一种是害怕失败，另一种是决心不强。因为害怕失败而拖延，是逃避型的拖延；因为决心不强而拖延，是决心型的拖延。

逃避型拖延的孩子非常在意他人对自己的看法，因此他们也很害怕失败。如果孩子对一件事情没有信心，那么他就会逃避，即便是必须做的事情他也会想办法拖延一下。这种逃避型拖延症"患者"非常害怕犯错误，他们是完美主义者，总是担心自己做的无法满足他人的期望，所以就会尽量逃避与拖延。

决心不强也会导致拖延。有了功课，或者家长让孩子做什么事情，他们总觉得时间还充足，所以不肯下决心去做。

当然，不管是哪种类型的拖延，最后都会成为孩子成长的绊脚石。"今日事今日毕"是帮助孩子克服拖延的好办法。帮助孩子战胜拖延，家长首先要进行适度的监督，尤其是妈妈。心理学家研究发现，在妈妈的监督下，那些决心不强的孩子能很好地改进。孩子们在妈妈的监督下，会优先把作业及该做的事情做完，然后才会去玩耍。一段时间后他们会发现，只要立即行动，原本需要两天时间做完的功课便可以在两个小时内完成，一旦这种观念形成，他们就不会再拖延了。

所以，为了培养孩子的行为自律能力，从今天开始，和孩子一起开展关于"今天事今天做"的互动监督吧！

首先，父母可以和孩子一起制定一周的行动清单，分别明确父母和孩子每天都需要做哪些事情，并做成一张表格。如果孩子拥有较强的行动力，也可以制定更长周期的行动清单，比如10天、15天、20天或30天等，父母可以根据孩子的实际情况来确定合适的周期。

接下来，父母要和孩子商定奖惩措施，如果连续×天都做到了"今天的事今天做完"，没有出现拖延的现象，那么就可以获得奖励；倘若常常把今天的事情拖到明天甚至后天去做，那么视拖延情况的严重程度，就要接受一定的惩罚。

关于拖延的严重程度如何划定，父母可以和孩子一起制定规则，比如拖延一次为一星，拖延两次为两星，依此类推，拖延五次为五星，倘若今天的事拖到后天才做完，那么则按照拖延两次来计算。

在执行的过程中，父母和孩子要相互监督，相互分享经验和教训，以此来督促孩子真正做到"今日事今日毕"。

需要注意的是，帮助孩子摆脱拖延症不能急功近利，要循序渐进，因为拖延症不是一天两天形成的，摆脱它也不可能一蹴而就。而且，如果父母表现出了急躁的情绪，也会影响到孩子的心态，拖延症就更加难以克服了。尤其是对于逃避型的拖延，父母应该帮助孩子摆正心态，告诉孩子每个人都会犯错误，犯错误并不可怕，要帮助孩子摆脱因为害怕犯错而停滞不前的心态。对于那些比较困难的事情，父母应当陪着孩子制定出阶段性的目标，让其一点一点克服困难，直到孩子能够主动去实现目标，彻底摆脱拖延症。

要想帮助孩子更好地做到"今日事今日毕"，父母可以从以下三点入手。

1. 帮孩子挖掘学习中的兴趣点

对于习惯拖延的孩子来说，他们往往都存在对学习的排斥思想。要克服拖延思想，必须改变学习态度，并能够从学习当中找到乐趣。所以，父母不妨从培养孩子的学习兴趣方面入手，一旦孩子找到了学习中的兴趣点，就不用父母催着学习，孩子自己就会非常主动地完成每天的学习任务。

2. 让孩子学会区分事情的轻重缓急

因事情的性质不同，紧急程度也不尽相同。父母要引导孩子学会给每天要做的事情按照紧急程度排序，本着紧急事务优先处理的原则，开始一天的行动，这样孩子的行动才能有目标和方向，就可以避免因缺乏条理而

"捡了芝麻丢了西瓜"。

3. 给孩子营造井然有序的环境

整洁干净的学习环境，不仅能愉悦孩子的心情，更能提高孩子的行动效率。在日常的学习中，父母要引导孩子学会及时整理书桌上的文具、书籍等，保持书桌的整洁干净；桌面上只存放当天要用到的书本，其他书本要及时整理分类，及时存放到书柜里或书架上。每天睡觉前要让孩子对当日的完成情况进行简单的总结和梳理，为第二天的开始奠定良好的基础。

只有做到"今日事今日毕"，才能让孩子真正实现由被动应付到主动做事的转变，才能帮助孩子腾出更多的时间，在学习中挖掘更多的亮点和创新之处。

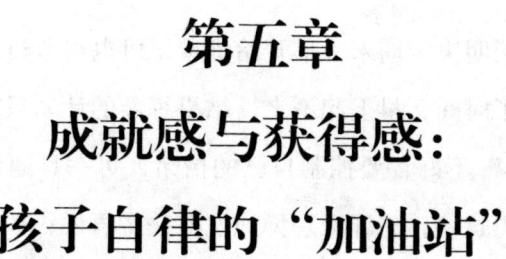

第五章
成就感与获得感：
孩子自律的"加油站"

测一测孩子的自律能力

你的孩子出现过自律能力差的表现吗？相信绝大多数父母的回答都是"是的"。

比如：孩子明明决定周末一早开始练琴，可电视节目太好看了，实在没有忍住而忘记了时间，早上起不来，结果练琴的计划只能泡汤；孩子知道"愤怒""发火"不好，要控制自己的情绪，可一旦遇到令自己气愤的事情，哪里还记得这些，先肆无忌惮地发泄一番再说；孩子计划每天都要坚持学英语，可实际上总是三天打鱼两天晒网，断断续续学了一年多也没明显效果……

实际上，这都是孩子缺乏自律能力的表现。

英国著名戏剧作家莎士比亚曾说过，"人类能够为尚未发生的事情做好准备，这也是因为人类有着自我控制这一美德"。一个被冲动和激情支配的人必然会失去全部的道德自由，随波逐流，最终成为强烈欲望的奴仆。毫不夸张地说，人类一切美德都来源于自我控制，即自律。

所谓"自律"，从心理学角度解释，即自我控制、自我约束，具体指对自身情绪、思想、行为的控制能力。人的潜意识中潜藏着很多"弱点"，比如贪婪、忌妒、攀比和懒惰等，如果没有强大的自律能力，那就只能任凭这些人性的弱点控制孩子的人生。此外，孩子身处花花世界当中，时时

第五章 成就感与获得感：孩子自律的"加油站"

刻刻都会遇到各种各样的诱惑，没有自律能力就会偏离正确的人生轨迹。

著名心理学大师弗洛伊德认为，人的一生都在与本能作斗争。如果不想被潜意识中的本能驱使，就必须拥有强大的"自律能力"，只有这样才可能赢得这场无声的博弈。

"我知道自己不该乱发脾气，可当时根本忍不住，结果脾气发完了，又非常后悔，觉得自己怎么一点自律能力都没有。"类似的言语经常充斥在父母的耳边，但这些倾诉似乎并不能起到什么作用，孩子责怪完自己缺乏自律能力后，下次还会重复上演同样的"剧情"。一边是想大发脾气的冲动本能，一边是尝试对言行的自我控制，孩子往往会在这两者之间徘徊挣扎，一旦自律能力不足，冲动的本能就会占据上风，如此一来自然就会做出失控的举动。

粗暴地压制本能冲动不是自律，真正的自律是建立在接纳和引导的基础之上的。现代社会发展越来越快，孩子面对的诱惑也越来越多，尤其是网络的普及，让孩子在面对手机、电脑、游戏时变得越来越没有自律能力，在这样的大背景下，父母要想强化孩子的自律能力就变得异常重要和紧迫。

在本能和诱惑面前，最有力的支持来自孩子自己。不过，为人父母，你对自家孩子的自律能力了解多少？下面的自律能力测试问卷，可以帮助广大父母更深入地了解孩子的自律能力等级。

（1）孩子有良好的作息习惯，每天早起早睡，几乎从来不熬夜、睡懒觉。（　　）

A. 很符合

B. 比较符合

C. 不太符合

D. 很不符合

（2）在学习和娱乐发生冲突的时候，即使这项娱乐活动是孩子非常喜欢的，孩子也会马上决定去学习。（　　）

A. 很符合自己

B. 比较符合自己

C. 不太符合自己

D. 很不符合自己

（3）孩子会因读一本书或看一段精彩的视频而忘记时间。（　　）

A. 从来都不会

B. 偶尔

C. 经常

D. 一直

（4）不管感不感兴趣，值不值得，只要是应该做的事情孩子就一定要做好。（　　）

A. 很符合自己

B. 比较符合自己

C. 不太符合自己

D. 很不符合自己

（5）孩子能长时间做一件事情，即使事情非常单调乏味。（　　）

A. 很符合自己

B. 比较符合自己

C. 不太符合自己

D. 很不符合自己

计分办法：A记3分，B记2分，C记1分，D记0分测评结果及分析：

◎ 10 分以上

孩子的自律能力比较强，不管遇到什么事情都能对自己严格要求，不会轻易被不良情绪影响，也很少会出现情绪失控的局面，在学习和生活中属于有主见、有原则、有效率的人。

◎ 5~10 分

孩子的自律能力一般，一般情况下能够做到自律，但一旦遇到非常大的诱惑，或者受到非常大的外在刺激，很容易失控，进而做出一些不明智的举动，需要有意识地去强化自律能力。

◎ 5 分以下

孩子的自律能力比较薄弱，在没有别人协助和监督的情况下，很难独立完成任务，遇事缺乏主见，总是需要他人的鼓励和支持，是急需提升自律能力的首要人群。

没有正反馈，再自律也会半途而废

在心理学领域，有这样一个实验：

实验人员选择 12 名学龄前儿童，让他们一开始就直接解决比较困难的问题，结果这些儿童很快放弃，且在解决问题的过程中都显得非常不耐烦；接着实验人员又换了一种方法，还是这 12 名学龄前儿童，让他们解决难度逐渐递增的问题，而且在孩子们解决问题的过程中，实验者不断称赞孩子们的解决办法，结果这些孩子们在整个解决问题的过程中都表现得兴趣盎然，事实证明，他们也确实取得了很好的成绩。

这个看似简单的实验，实际上给广大家长提供了两条正确的教育策略：一是家长在帮助孩子学习的过程中，要循序渐进；二是家长对孩子的努力要表示赞赏，这样做可以激励孩子取得更大进步。

实际上，人类与动物的基本学习方式是一样的，都是通过尝试错误来学习。"桑代克迷箱"[①] 实验就很好地说明了这一点。哪个孩子不是在一次又一次的错误中逐步成熟起来的呢？不同的孩子，面对一次次的错误，反应是不尽相同的，但无论如何，错误、挫折、困难等都会阻碍孩子的进步。

美国著名教育心理学家布卢姆曾说过："鼓励作为一种正反馈有力地

---

① 桑代克迷箱，指美国心理学家桑代克研究动物学习过程即解决问题过程的实验装置。

第五章 成就感与获得感：孩子自律的"加油站"

促进学习的进行，而体罚、心灵施暴作为负反馈，积累到一定程度就会发生质变，导致后继学习无法进行。"

所谓正反馈，就是孩子做的事情，能够获得他人的认同、夸奖和鼓励，能够取得一定程度上的成功，就会对孩子形成正面激励，让孩子继续努力把这件事情做好，而且会越做越好。或者说，一件事情的发生、发展受到了另一件事情的刺激，促进了其正向发展。

孩子的自律必须要有正反馈，否则再自律的孩子也会因为后续缺乏自律动力，而半途而废。"射人先射马，擒贼先擒王"，父母要想正确使用正反馈这一方式来激励孩子，首先就要找到正反馈的核心点，正反馈的核心在于要找到孩子的正面动机。

那么，怎样才能找到孩子的正面动机呢？

孩子不想写作业，在被爸爸和妈妈督促之后，自己偷偷把 iPad 藏到了书桌下，打算等爸爸妈妈不在的时候，用写作业打掩护偷偷打一会儿游戏，但是孩子在打游戏的时候不幸被妈妈发现了，妈妈批评了她，并让她保证以后不这样做。

事后，妈妈反省自己，认为没有控制好自己的语气和情绪，忍不住"指责"了孩子，没有冷静地寻找孩子的正面动机。

也许会有家长疑惑，不就是孩子不想写作业，只想玩游戏吗？哪里有什么正面动机？实际上这种想法是非常肤浅的，父母不妨以旁观者的角度，从不同的方向去看待孩子藏 iPad 玩游戏这件事，就能够发现各种各样的答案：

"孩子想玩游戏，然后自己把平板电脑藏了起来，说明孩子很聪明。"

"孩子想玩游戏，又不想被爸妈看到惹爸妈生气，所以才藏了起来，说明孩子非常爱自己的父母，不愿意惹父母生气。"

"孩子不想受到别人的控制,有主观意识,有属于自己的独立想法。"

"孩子想玩游戏就行动了,并且想办法解决这个问题,说明孩子有不错的行动力。"

……

只要父母善于挖掘,就一定能够挖掘出孩子任何行为的正面动机。在找到了孩子行为的正面动机后,接下来,父母就可以根据这个正面动机给予孩子正反馈。

在上述案例中,妈妈在发现孩子藏 iPad 玩游戏的时候,可以与孩子交流并温柔询问:"妈妈知道你想玩游戏,但是不想惹妈妈生气,所以偷偷藏了 iPad 玩游戏,对吗?"然后视孩子的反应继续与孩子深入交流,可以采用共情的方式告诉孩子:"游戏确实很好玩,妈妈也喜欢玩,但是长时间玩游戏会影响视力,妈妈不想让你变成近视",最后就玩游戏的事情与孩子约定好时间上限。

当孩子按照与父母约定的时间去玩游戏,并且在没人监督的情况下,也会一到时间就自动放下平板电脑、游戏机,那么说明孩子正在逐渐变得更加自律。要想让孩子变得自律,父母就千万不要用指责性的负反馈试图直接改变孩子、控制孩子,而应该运用正反馈去影响孩子、教育孩子。"世间所有的关系都在走向聚合,唯有父母和孩子的关系在走向分离。"随着孩子逐渐变得自律,父母也要逐渐抽离,给孩子更大的自由,让孩子有充足的自律空间,只有这样,才能让孩子变得更自律、更自由。

用成就感与获得感为孩子加油

家长帮助孩子做很多事情,孩子可能并不会变得多么好,过度控制孩子只是家长对自己情感的放纵,每一位家长都应该从心底里认识到这一点。平日里,当家长又在帮助孩子处理问题时,就想想这句话,问问自己这样做是不是真的对孩子好。

要想培养孩子的自律能力,家长就不要过多地帮孩子做事,而是要多让孩子动手。可能有些父母会说,问题就在于孩子不做或者不愿意做呀!成就感和获得感就是孩子行为自律的"加油站",只要能够让孩子在行动中真正体会到成就感,那么孩子自然而然会更愿意行动,并主动约束自己的行为,让自己变得自律。

每个孩子都希望自己能够被欣赏、被认可,获得一定的成就感。那么,对于父母来说,怎样才能让孩子获得成就感呢?

1. 保护孩子的自尊心

如果想让孩子获得成就感,父母首先应该做到的就是保护好孩子的自尊心。在日常的家庭教育中,尤其要注意,别总把"别的孩子"挂在嘴边,不要把自己的孩子和别的孩子比较,而是应该多鼓励自己的孩子,比如,经常和孩子说:"我们相信你能做好!""加油!""在困难面前,你真勇敢!"

2. 重视过程

在孩子做一件事的时候，结果固然重要，但过程同样重要。身为父母，千万不要只关注孩子做事的结果，而是应当重视孩子做事的过程，也要教育孩子重视做事的过程。当孩子为一件事付出努力的时候，家长应该积极地支持，而不是仅仅看重结果。比如，当孩子付出了很大的努力依然没能考出好成绩的时候，父母应当肯定孩子为学习付出的努力，而不是只看考试成绩。

3. 发掘孩子的潜能

绝大多数父母都非常重视孩子的成绩，其实除了学习之外，我们还可以尽可能地发掘孩子其他的潜能，比如跳舞、打球、演讲、书法、围棋、轮滑、散打、手工制作、画画，等等。父母可以鼓励孩子积极参与自己擅长或感兴趣的活动，这些活动可以帮助孩子从中获得成就感。

4. 赏识孩子的进步

如果你想让孩子获得成就感，那就不能"鸡蛋里头挑骨头"，而是应当善于发现孩子的点滴进步，并赏识孩子的进步。比如，当一个刚开始学画画的孩子，第一次独立完成一幅绘画作品后，父母就可以给孩子点赞加油，让孩子感受到自己的付出是有价值的，自己的进步是能够被父母看见的，从而激发孩子的积极性。

5. 给孩子展示自己的机会

当孩子能够很好地完成一件事的时候，孩子会从中获得"我能做好""我可真厉害"的成就感。父母不妨多给孩子一些展示的机会，比如，孩子画画很不错，那么，父母可以让孩子给家人分别画一张肖像，画完后，父母可以给予表扬，使孩子更有画画的动力。

第五章　成就感与获得感：孩子自律的"加油站"

6. 为孩子制定适合的目标

给孩子制定目标，既可以让孩子避免虚耗精力，也有利于增强孩子的自律能力。但需要注意的是，给孩子制定的目标一定要合适，既不可以好高骛远，让孩子难以完成；又不可过于随意，让孩子不需付出什么努力就能实现。总的来说，父母要根据孩子的特点、实际情况，因人制宜地制定适合的目标，保证这个目标孩子经过努力之后能够完成，这样孩子在实现目标的过程中，就能够获得成就感。

7. 循序渐进的要求

父母在给孩子提出要求的时候，要遵循循序渐进的原则。当孩子经过一定的努力，成功地达到了第一个要求，那么，父母可以酌情在原来要求的基础上提高要求的标准，并提出第二个要求，引导孩子不断努力。这样，孩子在努力的过程中，就能获得成就感。

8. 让孩子帮忙出主意

在一些家庭事务中，父母可以邀请孩子一起参与，出出主意。比如，在周末家庭日常食品大采购的时候，就可以让孩子提前出具一份购物清单；在假期旅游的事情上，关于旅游目的地可以让孩子参与确定……父母让孩子参与家庭意见的时候，一定要放下架子，与孩子平等相处，让孩子知道他是家中的一分子，虽然年纪小，但也能为家里的事情出主意，这样也会让孩子有成就感。

9. 让孩子来解决问题

当父母遇到一些小事的时候，可以尝试让孩子来解决这些问题。比如，家里的花盆有些裂痕，而孩子在学校里做手工制作的时候，学习过如何用胶水修补瓷器裂痕，父母可以请孩子来解决花盆裂痕修复的问题。当孩子解决问题之后，父母要给予认可，这样也可以让孩子获得成就感。

引导孩子真正从内心享受成就感

在现实生活中,有这样一类孩子:他们不用父母督促,就会主动自觉地写作业,写完老师布置的作业后,还会兴趣盎然地做一会儿奥数或者看一会儿科普读物等;他们在说到某个数学题或某门功课时,从来不会低头沉默,而是会兴高采烈地和周围的人分享自己的想法;他们在面对比较困难的学习任务时,没什么畏难情绪,反而摩拳擦掌、跃跃欲试,他们浑身都洋溢着"初生牛犊不怕虎"的勇气和热情……

为什么这些孩子如此热爱学习?为什么有些孩子一说起学习就会愁眉苦脸?为什么不同的孩子会有如此大的差距呢?

事实上,造成这种差异的本质是孩子的成就感。正如教育家蒙特梭利所说:"学习不应该是老师强迫孩子进行的,而应该是孩子自发的、本能的行为。"事实上,学习也不应该是父母强迫孩子进行的,在蒙特梭利看来,学习是每个孩子都具备的本能,他们在成长的过程中,会通过自身经历的"感觉刺激"来行动。当孩子能够从学习当中找到乐趣,并能够真正从内心体会到成就感,那么孩子自然会乐于学习、主动学习。

如今,不少孩子都或多或少的有厌学情绪,并且热衷于玩电子游戏。很多父母只看到了孩子的行为表现,而没有深层挖掘过这种现象背后的真正原因。

第五章 成就感与获得感：孩子自律的"加油站"

曾有人专门对逃学沉迷网吧的孩子们进行过采访，让我们一起来听一听这些孩子们的真实心声：

"我妈天天说我笨得像头猪，我爸总是说我没出息，家里每个人都觉得我是一摊烂泥，我觉得自己活得一点儿成就感都没有，反正也好不了了，还不如在网上找安慰。至少在网上，我发一个帖子会有人回应我，也能找到志同道合的网友。"

"我每天都活在被否定中，在学校里成绩不好被老师同学否定，在家里天天被父母训斥，连一个认同我的人都找不到，所以还不如打游戏，每冲过一关就觉得自己成功了，特别开心，然后继续挑战更高难度，不断挑战通关的感觉非常爽。"

"感觉网友比爸妈好太多了，爸妈只会训我，一句好话都没有，在网上我提出的观点、发表的看法，都能获得其他网友的积极回应和认同，这种感觉是我在现实生活当中不可能感受到的。"

……

这就是不少孩子为什么不喜欢学习，反而喜欢上网、喜欢玩游戏的原因。父母们看到孩子玩游戏、刷抖音，总是会去责怪游戏运营商，骂做游戏的公司丧尽天良，责怪网络环境不好，把孩子带坏了，却从不反思自己。实际上，孩子厌学而喜欢上网、玩游戏和父母的家庭教育有着直接关系。

一个沉迷网络的孩子，必然在现实中缺乏认同感和成就感。从心理学角度来说，每个人都有被尊重、被关注、被肯定、被欣赏的心理需求，每个人都渴望获得成就感，渴望实现自己的人生价值。倘若孩子在家庭和学习中不能获得自己所需要的认同感、成就感，那么必然会选择其他方式来满足自己的心理需求，而网络无疑是逃避现实、追求精神满足的一片乐土。

要想避免孩子沉迷网络，能够自律地好好学习，父母必须引导孩子真正从内心享受到学习和自律的成就感。如果孩子能从学习中体验到乐趣和成就感，那么自然会自发地朝着更高的目标迈进，以享受更多的成就感。

父母要想培养出一个自律的、爱学习的孩子，就不要让孩子在面对学习时感到委屈、愤怒、无助、挫折和疲倦；就不要总是批评、否定、指责和打骂孩子，否则只会让孩子体验到学习带来的无助感和痛苦感，从而引发孩子的厌学情绪。

要想让孩子能够做到自律学习，父母天天给孩子讲各种大道理是不行的，也是无效的，更不要用指责、批评的方式强迫孩子学习，而是要找准时机创设情境，适当地鼓励孩子，引导孩子发现学习的乐趣，享受学习成果带来的成就感，只有这样才能让孩子对未来充满信心，并形成一个良性循环：我能行→成功→获得成就感→更自信自律→我能行→成功→获得成就感→更自信自律……

合理降低对孩子的期望值

望子成龙是父母们最朴素、最真诚的愿望。在日常生活当中,绝大多数父母对孩子都有着很高的期望值:当孩子还在母亲肚子里时,父母想的是孩子健康就好;当孩子出生后,父母又希望孩子除了健康之外,还要聪明、漂亮;等孩子进入学校开始学习了,父母又生怕孩子输在起跑线上,恨不得孩子是各科全能、是十全十美的天才。

父母对孩子的高期望值,有助于培养孩子的好胜心。孩子有好胜心是件好事情,它能激发孩子积极进取、自强自律、不断进步。好胜心,指的是一个人在某种状态下力争超越自己与他人,取得更大成功的一种心理倾向。好胜心是每个孩子的天性。研究表明,孩子从3岁开始就已经有好胜心,开始有了竞争的意识,通过与他人的比较来彰显自己的优点,以此获得满足感。

对于孩子而言,好胜心的强弱与他们是否有很强的积极性和学习欲望,是否敢于竞争、勇于拼搏有着很大关系。那么,该怎样激发孩子的好胜心呢?

想要激发孩子的好胜心,家长必须弄清楚孩子为什么会好胜。专家表示,好胜心来源于孩子想要展示自我才华的心理冲动。多数情况下,孩子的好胜心都会表现在同伴面前。也就是说,在同伴面前不甘示弱是孩子好胜心的开始。由此,渐渐产生后来的力争第一。所以,家长想要激发孩子的好胜心就必须先让孩子觉得自己有竞争力。

随着孩子渐渐长大,能说出越来越多成人化的语言,这让父母们感到很吃惊。从刚去幼儿园时哭哭啼啼到活蹦乱跳和幼儿园里所有的老师及同学打成一片,孩子的成长总是在不经意间带给父母惊喜。

"妈妈、妈妈,我今天要穿那件带大老虎的衣服。穿上了大老虎的衣服去学校,我要好好表现,争取得第一名。"千万不要小看诸如此类的"童言童语",这里面包含着孩子的好胜心。适当的好胜心能够激发孩子的斗志,让孩子更积极进取,提升孩子的自律能力。

既然已经知道孩子的好胜心源于孩子的表现欲,并以此获得成就感的心理,那么家长想要激发孩子的好胜心就必须满足孩子这一心理,让孩子意识到自己很优秀、是个好孩子。因此,建议家长应合理降低对孩子的期望值和要求,不要给孩子太大压力,不要让孩子觉得自己距离家长的要求还差得很远,从而打击孩子的自信心。

1. 切忌一味指责孩子,要给孩子成长的空间

孩子在成长的过程中会犯许多错误,对此,家长要给孩子时间,不要急于求成,一味指责孩子。孩子还小,阅历与经验不足,大人尚且会出现很多失误,更何况孩子?家长要相信自己的孩子,给孩子成长的空间,不要对孩子要求太多。揠苗助长的行为只会伤害到孩子的自信心,从而使孩子退缩不前。

2. 多鼓励孩子,放手让孩子大胆尝试

正所谓"初生牛犊不怕虎"。孩子们总是带着对整个世界的好奇心不断去尝试、探索。家长应该多鼓励孩子,不要担心孩子会吃苦头,要从小培养孩子勇往直前的性格。

3. 面对孩子的失败,需要的是家长的平常心

当孩子做某件事情失败之后,家长不要过多地去责备,更不要因为一两次失败就对孩子的前程忧心,终日里唉声叹气。这时的孩子是敏感的,他能迅速捕捉到家长的心理,从而加重对失败的恐惧,失去原有的斗志。当经历失败后,孩子需要的是家长的平常心,家长要给孩子一种"成败乃兵家常事"的心理暗示,以此淡化孩子因为失败而产生的负面心理压力。

总而言之,家长既不要对孩子有太高的期待,也不要有太多要求,过高的期待和要求会提高家长对孩子的期待值,从而对孩子提出更高的标准和要求。当孩子的心理素质不够强大时,太高的标准会吓着孩子,让孩子产生自卑心理。如果一个孩子连起码的自信心都没有,他怎么可能有表现欲呢?他会害怕表现和展示自己,他会觉得自己不行。如果孩子只想逃避,何谈好胜心呢?如果孩子没有好胜心,又何谈积极进取和自律呢?

用孩子擅长的事帮其建立自信

孩子做事没效率，自律能力差，有时候是因为孩子不自信。一个缺乏自信的孩子，在遇到困难和挫折时，往往会陷入自我否定的情绪怪圈中，从而丧失了行动力。所以，要想培养一个做事利索、自律能力强的孩子，父母一定不能忽视孩子自信心的建立。

一般来说，孩子缺乏自信的表现主要有：常常没有缘由的情绪低落，和同龄人在一起时表现得比较沉默，不喜欢和别人交流；怕生，抵触见生人或去陌生的地方，比较害羞，不喜欢展示自己，有自卑倾向，觉得自己不如别人；缺乏自信的孩子往往会拒绝参加竞赛、竞技类等带有竞争性质的游戏或活动；不管做什么事情，都不积极，永远都是等到无法逃避的时候才会勉强行动……

如果你的孩子出现了上述表现，那么就说明孩子自信心不足。自信并不是与生俱来的，孩子缺乏自信，主要是由于后天的家庭教育不得法。

不自信的孩子，往往会在做事之前就否定自己，还没有做出任何努力就选择放弃，这对于培养孩子的自律能力是非常不利的。不少父母在遇到孩子有不自信、唯唯诺诺的表现时，往往会怒火中烧，这时，父母不要把责任都推到孩子身上，更不要因此对孩子发火。父母越是看不惯孩子的胆怯、畏畏缩缩，越会给孩子施加压力，让孩子不自信的情况变得更严重。

第五章 成就感与获得感：孩子自律的"加油站"

世界上所有自信的孩子都是相似的，不自信的孩子却各有各的原因。总的来说，导致孩子不自信的原因主要有以下几类。

1. 身体方面的不自信

对于孩子来说，身体方面的不自信有多种多样的表现：有些孩子因天生或意外等导致了不同程度的"残疾"；有些孩子是完美主义者，总觉得自己长得不够好看；有些孩子身体比较弱，容易生病，总羡慕长得壮实、天天可以随便跑跳的孩子；有些孩子个头儿比同龄人矮小很多，所以在同龄人面前抬不起头来；有些孩子特别肥胖，总是觉得自己会被周围人嘲笑……

2. 家庭方面的不自信

孩子在家庭方面的不自信，主要来自父母：有些孩子因为父母离异，每次看到同学一家出游或听到此类的事情，就会陷入失落的情绪中，产生不自信的心理；有些孩子在家里天天被父母批评，长期如此，也会造成孩子的不自信；有些孩子因为自己家的经济条件不好，看着同学爸妈每天开好车接同学放学，而自己爸爸妈妈都是坐公交车来接自己，也会产生不自信的心理……

3. 学习方面的不自信

对于孩子们来说，学习既是生活的重要组成部分，也是直接影响其自信心的重要因素。有些孩子会因为学习成绩不好、考试名次下降等产生不自信。

导致孩子不自信的原因是多方面的，那么如何帮助孩子树立自信心呢？

"天生我材必有用"，实际上每个孩子身上都有闪光点：有些孩子虽然学习成绩不好，但跑步、跳高、打球等体育类项目非常优秀；有些孩子性格内向、不爱说话、心思敏感，但在绘画上非常有天赋，随手一画都非常有灵气；有些孩子性格大咧咧的，丢三落四、马虎出错，但直爽的性子让他们的人缘非常好……

父母可以用孩子擅长的事情帮助孩子建立自信。如果孩子擅长体育类项目，那么不妨鼓励孩子参加一些竞技类的体育比赛，比如班级赛、全校比赛、兄弟学校比赛等，擅长的事情总是能做得更好，孩子可以在各类比赛中逐步建立自信；如果孩子学习成绩很好，那么不妨把孩子考试的好成绩分享给亲戚朋友，亲戚朋友对孩子的夸赞，也可以更好地帮助孩子树立自信。

不同的孩子，擅长的事情不一样，父母要根据孩子的实际情况，找到孩子身上的闪光点，并以此为依据，帮孩子制订增强自信心的教育方案。需要注意的是，父母在寻找孩子擅长做的事情时，千万不要把目光仅放在学习成绩以及各种特长上，要尽可能地把范围扩大一些，比如特别会养花、很会给宠物狗洗澡、很爱干净、能言善辩、很会讨人喜欢、做的饭非常好吃、动手能力很强等都是孩子身上的闪光点，父母们要有一双善于发现的眼睛哦！

孩子懈怠时，需要开启鼓励模式

1902年，美国社会学家查尔斯·霍顿·库利提出了"镜中我效应"，即"一个人的自我观念是在与其他人的交往中形成的，一个人对自己的认识是其他人对自己看法的反映，他所具有的这种自我感觉，是由别人的思想、别人对自己的态度所决定的"。

人是社会化的产物，必然会受到"所属群体"的影响，这种影响的力量是非常巨大的。如"狼孩"明明是人类，但由于从小被狼养大，和狼生活在一起，因此形成了"自己是狼"的自我意识，从而表现出和狼一样的行为模式。

同样的道理，孩子也是通过周围人对自己的评价来认识真正的自己的。自律是一种有限的资源，即便是再自律的人，也总会有懈怠的时候，毕竟人不是机器，不可能按照预定的程序一直匀速运转。父母要注意观察孩子的状态，当发现孩子懈怠、疲倦时，就要开启鼓励模式，通过鼓励来给孩子加油。

1. 巧用语言的力量

在大家眼里，萱萱是一个慢吞吞的小女孩，不管是学习还是吃饭、玩耍，都是慢动作，甚至老师和家长开玩笑，说她是一只"可爱的小树懒"。因为萱萱干什么都很慢，所以妈妈和爸爸常常看着她慢吞吞的动作着急得不得了。

萱萱妈说:"我和萱萱爸都是急性子,干什么都雷厉风行,都说孩子像父母,怎么孩子就这么慢呢?"在外人眼中,萱萱妈是"职场白骨精",雷厉风行,在公司更是被人称为"女超人",做事有计划、条理性强,萱萱爸爸同样也是做事干脆利索的人。

孩子变成什么样的人,关键取决于父母或他人对孩子的评价和反馈。父母认为孩子是什么样的,那么孩子就会变成什么样的人。萱萱爸爸妈妈在听完一堂教育专家的课程后,感触颇深,他们总是催促孩子快一点,结果却在不经意间给孩子贴上了"慢""拖拉"的负面标签,孩子从父母身上得到的反馈和评价都是"我很慢""我很拖拉",久而久之,孩子自然会认为自己是一个干什么都很慢的人。

改变从巧用语言的力量开始,虽然孩子很慢,但萱萱爸爸妈妈再也不催促孩子了,而是采用肯定和鼓励的方法来潜移默化地影响孩子:"萱萱今天起床穿衣服很快呀,比昨天早了好几分钟","宝贝真棒,这么快就写完了老师布置的作业"……

消极语言和负面标签会让孩子变成父母眼中的"问题小孩",积极语言和正面标签则可以让孩子变成一个"优秀的小孩"。多给孩子点儿鼓励,远比训斥、批评更有效果。

2. 鼓励、夸奖孩子一定要实事求是

鼓励、夸奖孩子对于培养孩子的自信心、自律能力都非常有帮助,但父母需要注意的是,鼓励、夸奖孩子一定要实事求是。

每个孩子都喜欢被夸奖,与此同时,他们对自己是否应该被夸奖内心也有一把尺子,明明只是做了一件平凡无奇的事情甚至是错事,结果还得到了父母的夸奖,那么孩子必然会认为父母的夸奖很虚伪,并不值得高兴，因此也就起不到鼓励的作用。

夸奖孩子不可"无脑夸"，而是要发现孩子的点滴进步。比如，在看《动物世界》的时候，孩子对正在播放的某种动物，如数家珍地介绍其生活习性、生活的地理区域等，那么父母就可以适时地夸奖孩子"你知道的真多，挺厉害呀"。

夸奖孩子要抓住生活当中的一切契机，比如发现孩子把书桌整理了一遍，那么不妨夸一夸孩子"不错呀，书桌收拾得挺好"，"你真挺勤快，把书桌收拾得真干净"；又如孩子早晨上学出门，顺便把垃圾拎到了楼下，则可以夸奖孩子"知道帮父母分担家务，值得夸奖"，等等。

3. 多当着外人的面夸奖孩子

不管多大年龄的孩子，都是在乎面子的。父母当着同学或小伙伴的面说自己的缺点或糗事，往往会让孩子觉得没面子；但如果父母当着孩子同学、伙伴或老师的面夸奖孩子，无疑会让孩子脸上有光，可以产生更好的鼓励作用。不可当众批评孩子，而是应当私下关起门来，没有外人在场时与孩子进行沟通；可以当众夸奖鼓励孩子，父母不妨有意识地多当着外人的面夸奖孩子。

第六章
远离诱惑和借口：
减少干扰，自律更容易

父母玩手机，孩子凭什么写作业

近日，位于福建泉州的一所小学，别出心裁地下发了一份《家庭电子产品使用协议书》，邀请家长和孩子一起签署并遵守。

下面我们来看看这份《家庭电子产品使用协议书》的具体内容：

家庭电子产品使用协议书

健康是美好人生的基础，我们每个人都必须为自己的身体负责，然而现在我们身边手机、电脑、iPad、电视机等电子产品随处可见，人们频繁地或不当地使用，导致了颈椎病、视力下降等问题日益严重。在这样的大形势下，学校的学生也成了电子产品的受害者，出现诸如游戏上瘾、视力下降、肥胖、厌学等行为认知问题，这些会对孩子的未来产生难以预估的严重影响。

因此，×××小学向所有的家长和孩子特发出如下倡议：

（1）每周日19:00至周五17:00未经家长许可，不得接触任何电子产品（包括电视）。

（2）每周五17:00至每周日19:00，经家长允许，可适当使用电子产品（包括看电视）。每天不得超过2小时。

（3）每次使用电子产品时必须适时停下来让眼睛休息，连续使用时间不得超过半小时,每半小时后必须让眼睛休息10到20分钟,用远眺或眼保健操的方式保护眼睛。

……

(7)在孩子做作业期间,家长不得在同一空间播放电视或玩手机干扰孩子。

(8)孩子在使用手机、电脑等电子产品时,家长如无特殊情况应在旁边陪同。

……

非常有意思的是,这所小学同时发放了一份遵守记录的表格,细化到了一年365天,其中不光有孩子需要填写的一栏,还有家长需要填写的一栏。

"在孩子做作业期间,家长不得在同一空间播放电视或玩手机干扰孩子。"在现实生活当中,不少家长一边坐在孩子书桌旁监督孩子写作业,一边自己在刷手机;或者让孩子到书房里写作业,家长却在客厅里看电视剧……

父母在玩手机,孩子凭什么写作业?父母的这种做法,会让孩子产生非常严重的不公平感受,如果孩子是带着情绪写作业,又怎么可能会认认真真呢?有研究表明,孩子在玩耍时,如果爸妈在玩手机,孩子想玩手机的欲望会提高1~2倍。玩耍时都是这样,那么孩子写作业时又会是什么样呢?

孩子写作业时,家长在玩手机,这种做法会让孩子误认为成年人的世界是可以随心所欲的,容易给孩子造成观念的偏差,导致孩子规则感和秩序感缺失。父母对自己的要求比较低,也会在无形当中让孩子降低对自己的约束和管理，久而久之，孩子就会比较懒散，自律性自然也不会太高。一个缺乏自律的孩子，也就更容易步入歧途。

只有远离诱惑，才能让孩子的自律能力更强。可不少父母却把诱惑摆到了孩子的旁边，当孩子写作业时，父母在旁边看手机，在这种情况下，孩子根本不可能专注写作业。他们表面上拿着笔，实际上脑子里也想玩手机，他们在猜测父母在看什么，是不是非常有意思，或者是因父母玩却要自己写作业的不公平待遇而愤愤不平。

孩子写作业时，父母在一旁玩手机，容易打断孩子的思路，对孩子造成干扰，使孩子无法安心写作业，更严重甚至会破坏孩子的注意力。一个注意力不集中的孩子，课堂上是很难集中精力去听讲的，课后的学习也很难完成，就难以从学习中获得成就感，也就无法建立起较好的自律意识。

此外，父母玩手机还会给孩子树立一个负面榜样，即父母连在陪孩子写作业的时候，都不能做到专心、自律，凭什么要求孩子写作业要专心、自律呢？父母的一言一行、一举一动都在无声地影响着孩子。如果父母长期看手机，尤其是在孩子写作业的时候还在看手机，从本质上来说，这和父母在孩子写作业的时候打麻将没有任何区别。父母的不自律行为会在潜移默化中给孩子造成负面影响，会促使孩子在父母的监督之下学会五花八门的"磨洋工""偷懒""掩饰"等技巧，从长期来看，非常不利于孩子的成长。

所以，从现在开始，放下你手中的手机，认认真真陪孩子写作业。倘若你的孩子已经初步具备了不错的自律能力，不用一对一陪伴写作业，那么在孩子写作业的时间，也请你不要开心娱乐，不妨看一看有助于提高自己工作技能的书籍或者学习一些新知识等。父母和孩子一起学习，能够更好地让孩子远离诱惑，从而变得更加自律。

不自律的父母，很难培养出自律的孩子

斯坦福大学的心理学教授沃尔特·米歇尔做过一个非常有名的实验——棉花糖实验。工作人员找来了一些4岁左右的孩子，把孩子们集合到一个房间中，然后告诉孩子们："我会给你们每人都发一颗棉花糖，之后我有事情会离开15分钟，等我回来的时候，哪个孩子的棉花糖还在，哪个孩子就能再得到一颗棉花糖。"

当工作人员离开之后，孩子们面对自己的一颗棉花糖表现各异：有的孩子在工作人员一离开就迅速把棉花糖塞进了嘴里；有些孩子虽然想得到另一颗棉花糖，但他们实在忍不住棉花糖的诱惑，陆陆续续选择了把棉花糖吃掉；还有一些孩子，具有很强的自律能力，他们为了得到另一颗棉花糖，有的趴在桌子上假装睡觉来抵御棉花糖的诱惑，有的假装自己好像从没得到棉花糖一样，通过玩耍或看小人书等来转移注意力。

15分钟很快过去了，当工作人员返回房间的时候，三分之二的孩子已经把自己的棉花糖吃掉了，其中有的孩子甚至坚持到了14分钟，但最后还是没能抵御棉花糖的诱惑，在工作人员回来之前吃掉了自己的棉花糖。

15年后，研究人员再次找到了这些曾参与过棉花糖实验的孩子们，当初那些获得两颗棉花糖的孩子，学习成绩很好，人生发展得很不错，他们积极乐观，对自己的未来有十分清晰的规划。而当初那些无法抵御诱惑选

择吃掉棉花糖的孩子,其中很大一部分都有这样或那样的问题,他们有的已经因为成绩不佳辍学了,有的虽然还在学校里念书,但成绩很差,对自己的未来也比较悲观,只有少数孩子的学习成绩还不错。

棉花糖实验实际上揭示了一个非常浅显的道理,即那些自律的孩子,更容易获得成功。

在现实生活中,不少父母已经意识到了培养孩子自律能力的重要性。但同样不少父母苦于孩子一点儿也不自律,总是沉迷于玩游戏、看平板电脑、看手机等而没有办法,甚至有些父母不惜体罚孩子以使孩子能够在诱惑面前做到自律。

父母教育孩子要自律,本是无可厚非的事情,问题在于,绝大多数父母自己都无法做到自律:

无数妈妈一边叫喊着要减肥,却一直走在增肥的路上;一边标榜着勤俭持家,再买就剁手,但到了"双十一""双十二"还是会"买买买",囤一堆东西……

无数爸爸明明知道应该坚持适量的运动,但实际上总是吃完饭就瘫在沙发上,甚至连起身扫个地都不愿意;明明知道打游戏伤身,却又总是欲罢不能……

很多爸爸妈妈,说过多少次明天就学习,可从来都是说说而已,并没有什么实际行动;明明知道熬夜不好,会严重影响第二天的学习和工作,还是会刷着手机、打着游戏一直到凌晨;计划好了第二天要早起锻炼,可闹钟响了,还是会按掉闹钟继续睡;打算周末做大餐犒劳一家人,结果因为懒得动,最后还是叫的外卖……

父母自己都无法自律,凭什么要求未成年的孩子自律?父母对孩子的影响是潜移默化的,天天赖床的父母,通常养不出每天早早起床的孩子。

第六章 远离诱惑和借口：减少干扰，自律更容易

父母不自律，孩子也很难成为一个自律的人。

周末的晚上，丫丫和爸爸妈妈一起坐在客厅里看电视，眼看就要22：00了，爸爸催促丫丫去睡觉，丫丫一脸不情愿地反问道："爸爸妈妈为什么不去睡觉？"实际上父母在要求孩子的同时，孩子对父母也会有反向要求，倘若爸爸妈妈都不做，却只要求孩子去做，孩子自然不服气，也不愿意按照爸爸妈妈的要求去做。

丫丫爸爸妈妈意识到这个问题后，经过商量，达成了一个协议：以后只要到了丫丫的睡觉时间，不管电视节目多精彩，是不是有令人激动的球赛，爸爸妈妈都要和丫丫一样，自觉回到房间睡觉。父母对自己有要求，孩子自然会对自己有要求；父母自律，孩子自然也会自律。果不其然，从此之后丫丫时常被学校里的老师夸奖，说丫丫学习习惯好，不迟到，学习专心。

只有自律的父母才能养出自律的孩子，从今天开始，和孩子一起开启自律的行为之旅吧！

别让自己成为孩子自律的阻碍

很多家长认为，孩子自律能力差，是因为教育、管理不严格。不可否认，有很多家长对孩子疏于管理，才导致孩子缺乏自律能力。但是，还有一部分孩子缺乏自律能力恰恰是因为家长太过严苛的"控制"和"干扰"造成的。这样的家长时时刻刻都在管控孩子的一切举动，一旦孩子不服从他们的管理便会遭受严厉的惩罚，迫使孩子必须无条件服从家长的管控。前不久媒体上报道了这样一则消息：一个年幼的孩子因为违反了父亲的意愿，被父亲惩罚跪着过马路。试想，这样严酷的惩罚会在孩子稚嫩的心灵留下怎样的伤害呀。孩子在家长如此严格的"控制"之下，只会被动地顺从于他人的意志，从而丧失学习自律的机会，自然也就不可能学会"自律"了。

艳艳今年上小学了，妈妈说她已经长大，要开始用功学习。妈妈早早地便给她准备好独立的书房，说是要给孩子一个学习的空间。妈妈开始给艳艳制定规则：不能看电视、电脑，也不能玩玩具，回到家里的第一件事就是做作业，做完作业交给妈妈检查，合格后再预习一下第二天要学习的知识。

艳艳虽然很不愿意，但也只能被迫坐到书桌前开始写作业。奶奶有些

第六章 远离诱惑和借口：减少干扰，自律更容易

心疼孩子，说："孩子已经学习一天了，放学了你先让她放松一下再做作业嘛。""那可不行，'少壮不努力，老大徒伤悲'，我们必须要对孩子的未来负责任。"妈妈振振有词地说着。说完，她还是有些不放心，决定每隔10分钟就进书房检查一下。艳艳非常不满妈妈的这种做法，噘着小嘴，却也只是敢怒不敢言。

现实生活中，像艳艳妈妈这样的家长并非个例，她们看似为了孩子着想，实际却成了孩子自律的"干扰"。正如事例中的家长一样，很多家长总是在孩子小的时候就为其准备好了一切"硬件"：独立的书房、一应俱全的学习用品等，让孩子在足够优越的环境中用着"豪华"的学习设备。他们以为这样就可以让孩子更好地学习了。可是，家长是否会想到，有时候孩子需要的不仅仅是一个独立的书房，他们更需要一个真正属于自己的精神空间。

像很多成年人一样，孩子们也需要有自己的时间、自己的安排以及自己独立的决策权。如果所有事情全部由家长代为安排，孩子只有执行权，那么孩子还有自我吗？他们的自律能力还有可能被培养出来吗？

父母应该充分认识到，孩子是一个独立个体，要相信孩子的能力，给他们一些空间，让他们发挥自我管理和自我约束能力，按照他们自己的思想、兴趣和爱好走好自己的路。

1. 家长需要做到不过多关注孩子

现在的家长把目光和爱都聚焦到孩子身上，对孩子而言反而成了无形的监视。孩子完全没有了自由，一举一动都在父母的"控制"之下。这样一来，家长的爱就会成为一种巨大的压力，使孩子失去自我、丧失自律的能力。

2. 家长需要尊重孩子

家长要认识到孩子不是一件物品，可以任由别人随意摆放。孩子有自己的思想、喜好，需要在一个相对独立、自由的空间里自我成长。作为家长，需要尊重孩子，尽管孩子的生命是父母给的，但不代表父母有权"控制"孩子的人生。家长应充分了解孩子的需求，多与孩子协商，陪伴孩子快乐地成长。要让孩子按照自己的喜好、目标，创造属于自己的人生。

3. 家长要宽容对待孩子的错误

孩子的人生阅历还很浅，非常容易犯错误。要知道，一个人的能力总是在犯错和改错的过程中培养起来的。因此，作为家长一定要做好心理准备，接受、允许孩子犯错误，要时刻鼓励孩子："犯了错误不要紧，只要改了下次不再犯了就是进步。"爱因斯坦说："谅解也是教育。"宽容孩子的错误，也是家长们必备的素质。宽容的态度，能拉近家长与孩子的距离，增进孩子与家长的沟通，从而有助于孩子更好地自我管理，提高自律能力，更加健康地成长。

以身作则，是世界上最好的教育

父母既是孩子的第一任老师，也是孩子终生的老师。我国古代著名思想家墨子曾说："染于苍则苍，染于黄则黄。"

父母与孩子接触最早，时间也最长，孩子最直接的学习和模仿就是父母的言行举止。很多时候，人们常说："呀，父子俩真像！""母女俩真像！"其实，除了形容外貌相似外，也多形容性格和行事作风相似。这除了先天的遗传之外，与后天的耳濡目染也有一定的关联。

有这样一个笑话：

有一对相依为命的父子。有一天，一位朋友到他们家做客，父亲让儿子去集市上买些水果回来。可是儿子去了很久都没有回来。于是父亲便到集市上去找儿子，他发现儿子正和一个人四目相对，面对面地站着。原来儿子买完水果，遇到这个人，俩人谁也不愿意给对方让路，于是就这样僵持着。父亲了解情况后，对儿子说道："你先回家，招呼客人，我和他耗，看谁耗得过谁。"这时，旁边的乡邻们异口同声地说道："这父子俩真像。"

父母是孩子模仿的对象，看似一个简单的小动作都有可能潜移默化地影响孩子一生。其实，如果家长用心观察，就会发现，孩子身上的很多小毛病源自父母，这就是俗话说的"上梁不正下梁歪"。同样，孩子的很多优点也来源于父母。因此，对孩子的教育方法除了言语灌输外，身体力行也是一种有效的教育方式。

原苏联著名教育家马卡连柯曾说："父母对自己的要求，对家庭的尊重，父母对自己一言一行的检点，是首要和最基本的教育方法。"

英国的爱德华家族是一个兴旺的大家族，八代子孙共600多人，爱德华的子孙中有1人担任过副总统、1人当过大使、有13人当了大学校长、20多人当过议员、60多位医生、75位军官、80多位文学家、100位教授。为什么这个家族有如此之多的人才？实际上这与爱德华本人有着密不可分的关系。爱德华是个博学多才的哲学家，他为人严谨勤勉，非常自律。家族的兴旺正是得益于良好的家庭氛围和一代代优良品质的传承。

父母要想让孩子成为什么样的人，那他自己必须先成为什么样的人。孩子最大的特点就是模仿。父母下班后就懒散地躺在沙发上无聊地刷手机，却不断地提醒着孩子，"你要努力""你赶紧去写作业"，这样的言传身教终是枉然。

从孩子的角度来看，没有任何"言教"能胜过"身教"。在自律这件事上，尤是如此。

毫不夸张地说，"父母是什么样的人"远比"父母对孩子做什么"更重要。身为父母，所能做的最重要的一件事，就是自身的自律，无论到什么年纪，不要放弃自己，要始终追求自律，这样才可以为孩子树立自律的榜样。

因此，家长要想让孩子拒绝诱惑，行为自律，那么就一定要注意以下几点。

第六章 远离诱惑和借口：减少干扰，自律更容易

1. 自己首先要做到

当父母对孩子提出一些要求时，反驳这些要求最有利的武器不是："你的要求没有道理"，而是"你提出的要求，连你自己都做不到"。所以，当父母对孩子提出某些要求时，一定要以身作则，自己也要按照要求做，这样才能让孩子心服口服。

2. 有时"身教"更胜"言传"

"宝贝呀，妈妈对你说的话记住了吗？""宝贝呀，你一定要争气！""宝贝呀，做任何事情都不能半途而废！"听着父母们一句句苦口婆心的叮嘱，很多孩子都想尽快逃走。甚至，有的孩子还会打断父母的话。虽然这些叮嘱是父母的肺腑之言，却像咒语一般，说多了，就使人头疼。与其喋喋不休地教育孩子，不如用自己的行动向孩子诠释想说的道理。如此一来，孩子反而能牢记于心。

3. 必要时，可以将"身教"和"言传"结合起来

教育孩子就像是写作一样，示例很重要，但是必要的文字解说也能起到画龙点睛的作用。家长在家庭教育的过程中，可以将身教和言教结合起来，更加生动形象地向孩子传递自己想说的话。日常生活中，身教无时无刻不在进行着，所以父母一定要注意自己的日常举止，以免在不知不觉中影响到孩子。

作为孩子最早的启蒙者、终身的教育者，培养出优秀、自律的孩子是每位父母的愿望。下面针对身教提几点建议和方法。

1. 以身作则

"儿子，上学不能迟到，迟到是可耻的。"儿子点了点头。

第二天，"呀，今天上班迟到了，幸好老板不在，没被发现，哈哈哈……"

"妈妈，你不是说迟到是可耻的吗？你怎么也迟到，而且还这么高兴。"

在家庭教育中，家长一定要注意以身作则，要求孩子做到的，父母首先要做到，甚至要做到最好。否则，不仅让孩子对你的教育理念产生怀疑，也会减弱孩子对你的尊重。

2. 以身示教

有时，家长总是喜欢给孩子讲一些大道理，既难懂又空洞，不仅孩子无法理解，家长自己也觉得说不清楚。其实，很多时候，我们可以用自己的实际行动向孩子生动形象地描述出自己内心想要说的话。比如，家长想要告诉孩子：做人要勇于承认自己的错误。这时，家长可以用最直接的方法教诲孩子——主动向孩子承认自己曾经犯的一个错误。

3. 注意身教的直接性

身教的特点就是：直接、明了、生动。因此，家长在实施身教时，一定要注意自己的行为要有针对性、直接明了，万万不可做一些深奥行为，否则身教是不会成功的。

4. 注意身教的随时性

家长每日都和孩子在一起，朝夕相处，因此，家长对孩子的身教每时每刻都在进行着。所以，父母一定要注意自己的日常举止，这些行为会对孩子产生潜移默化的影响。

5. 注意不要忽视言教

任何一种方法都有其优势和不足，身教和言教组成了家庭教育的主要方式，两者之间各有各的优势。家长可以将二者有机地结合起来，让教育更加完美。

必要时,收起那些扰乱生活的杂物

自律不是与生俱来的。它是需要学习才能不断增强的一种能力。只有父母自己开始追求自律,才能真正明白自律的不易。

2020年,一场突如其来的新冠肺炎疫情,让不少父母体会了一次长时间在家办公的感觉。同样是上班,去单位上班和居家办公完全是两回事儿,相信很多人都有这样的体会:每天去单位上班的时候,准时起床出门、到达公司并没有多么困难,可换成了居家办公,起床都成了一个大问题,甚至不少人坐在床上、上身穿得规规整整、下身还在被窝里,就这样开起了工作视频会议;明明在单位上班的时候,工作时间完全不会吃东西,可居家办公了,一会儿洗点水果、一会儿吃点零食、一会儿又去楼下拿个快递,结果时间很快就过去了,却什么都没干成。

不管是在家上网课的孩子,还是居家办公的父母,大家普遍认为在家学习或工作都没有去学校或公司效率高,这究竟是为什么呢?

因为各种各样的诱惑会腐蚀人的自律能力。在学校或单位中,没有与学习或工作无关的那么多诱惑因素,比如上课时不许吃零食,不能随便说话,不能玩玩具;上班时要准时到岗,不迟到早退,不少单位不允许在办公室吃零食等。但是,在家中完全不一样,不管是大人还是孩子,面对诱惑都变了:

对于父母来说，不必再担心迟到，只要在上班之前拿着手机签到就行，不管你是在床上还是在干什么，都不会影响签到打卡，面对如此令人愉快的诱惑，绝大多数人的自律都会丧失殆尽，所以躺在床上开工作会议也就不新鲜了。

对于孩子来说也是如此。在家中上网课，上课时吃东西、手里拿着玩具等都没问题，所以孩子的学习自律自然会被这些诱惑击败。

要想培养孩子的自律能力，就一定不要用诱惑去干扰孩子，自律能力是会动摇的，何况是孩子。与其把希望寄托在孩子内心的自律意识上，不如在必要的时候，把那些影响孩子自律、耽误孩子正事的杂物都收起来。

具体来说，父母应该如何做呢？

1. 孩子的书桌上不要放玩具

现在的孩子，都有各种各样的玩具。在不少家庭当中，比如孩子自己的房间、厨房、卫生间、客厅、置物架等，到处都有孩子的玩具。

父母需要特别注意的是，不管是什么玩具，千万不能出现在孩子的书桌上。书桌是孩子专门用来学习、写作业的地方，试想孩子在写作业的时候，一抬眼就看到了自己最喜欢的变形金刚，发现了特别有意思的漫画书，或者手机就在手一伸就可以拿到的地方，那么孩子在写作业的时候，必然会被这些所诱惑。一些自律能力没那么好的孩子，往往就会暂时屈服于诱惑，放下作业继而玩耍起来。

2. 在孩子学习时不要送食物

在孩子写作业的时候，父母切上一小份水果或者准备一杯热牛奶并送到书桌旁，是一幅看起来特别温馨的画面。不少影视作品中，常常会出现类似的画面。在现实生活中，为了让孩子感受到父母的爱，为了营造和谐的家庭关系，一些父母也会这么做。

在孩子学习的时候,给孩子送水果、牛奶等,是出于好心,实际上父母是好心办了坏事。因为人对食物的渴望是刻在基因里的,除了患有厌食症之外,绝大部分人在看到食物时,都会分神。孩子写作业时,正是聚精会神的时候,他们正专注于学习,展现出一种非常自律的状态,这时父母给孩子送食物,会打断孩子的自律状态和学习思维,分散孩子的注意力,不仅对培养孩子的自律能力无益,还会对孩子产生负面影响。

所以,当孩子专注于某件事,无论是专注于学习或玩某个玩具时,都不要给孩子送食物、喂食或喊孩子做其他事,只有不打扰孩子的专注力才能更好地保护孩子的自律能力。

3. 请合理控制孩子的文具数量

随着人们物质生活的极大丰富,现在孩子们的文具种类也越来越多。孩子们常常会被各种新奇的文具所吸引,比如,造型独特的笔记本、功能复杂的铅笔盒、各式各样的笔……有些孩子已经成了"文具控",总是喜欢买各种各样的文具,而且这些文具并不是买来用的,而是觉得有意思、好看而购买。不少父母在孩子买文具这件事情上,也比较支持,于是就有了一部分孩子,一年到头作业没写多少,反倒是五花八门的文具能堆满一个箱子。

过多、过于花哨的文具也会分散孩子的注意力,侵蚀孩子的学习自律能力。比如,孩子的笔非常多,在写作业的时候,今天想用这根笔,明天又想换那支笔,找到想用的笔就花了十几分钟;或者有些好动的孩子,一会儿用这个,一会儿又觉得另外一个更好用,换来换去,时间就被耗费掉了。所以,父母要有意识地控制孩子的文具数量,不要让孩子的文具数量过多,够用即可。在给孩子挑选文具的时候,要选择那些设计简单的基础款,以免孩子在文具上花费太多精力。

如何为孩子创造自律的环境

《太子少傅箴》有云:"近朱者赤,近墨者黑。"环境对孩子的影响是巨大的。

孟子小时候住在离墓地很近的地方,经常会看到大人们举办丧事的情形,于是他便和邻居的小孩一起学着大人跪拜、哭嚎的样子,玩办理丧事的游戏。孟母深知环境塑造人,认为此地不适合孩子居住,便带着孟子迁到了集市旁。

住在集市旁的孟子,每天都会见到来来往往的生意人,于是孟子和邻居的小孩,学起了商人的样子玩做生意的游戏,一会儿招待客人,一会儿鞠躬欢迎客人,一会儿和客人讨价还价,孟子玩耍起来,把商人表演的惟妙惟肖,看起来和真正的生意人没什么差别。孟母发现了孟子的变化后,皱起了眉头,觉得集市旁也不适合孩子居住,于是孟母带着孟子再次搬了家。

这一次,孟母带着孟子搬到了学校附近。孟子每天见到的都是进出学校的学生、师长,他们一个个都非常守秩序、懂礼貌、爱读书,孟子住在这里,时间长了也变得守秩序、懂礼貌、爱读书了。

《孟母三迁》的故事说明了环境对孩子成长的重要性。父母要想让孩子变得自律起来,就要有意识地为孩子创造自律的环境。

1. 创造整洁、有条理的生活环境

千万不要以为生活环境只关系卫生不卫生的问题,有些家长自己比较懒散,家里乱七八糟也不收拾,衣柜里各种衣服杂乱地堆在一起,橱柜里各种各样的调料瓶摆放不一,客厅里沙发上扔着包、袜子、衣服、雨伞、钥匙等杂物,餐桌上还留着上一餐吃剩下的残渣……有些家长奉行"不干不净吃了没病"的原则,还有些家长认为东西都归置整齐了,自己反而找不到要找的东西了。

父母的生活习惯也会对孩子造成影响,父母起床后从不收拾床铺,手机、零食、充电线、书、纸巾都往床上堆的家庭,孩子往往也爱在床上放各种东西,比如作业本、笔、玩具等。天天生活在杂乱环境中的孩子,缺乏秩序感,也没什么规则意识,表现在学习或做事上就会出现自律能力比较差的情况。

所以,想让孩子养成自律的好习惯,父母一定要给孩子创造整洁、有条理的生活环境,并在日常生活中有意识地训练孩子。

"大脑神经训练法"是一种行之有效的方法,科学家经过研究发现,人的大脑神经反射就好像人的肌肉一样可以进行训练,人的自律能力也可以同肌肉一样被训练好。那么,怎样用"大脑神经训练法"来提高孩子的自律能力呢?

从本质上来说,小事上自律,在大事上往往也能做到自律。父母可以通过培养孩子一个小的自律习惯,来锻炼孩子负责自律的大脑神经,从而帮助孩子养成自律的好习惯。

比如,父母可以训练孩子在睡觉前,要先把自己的鞋子摆整齐,脱下来的衣服也要整理好；还可以训练孩子收拾自己的玩具，每次玩耍之后，要让孩子把所有的玩具都收拾到指定位置，保持整洁。

培养孩子的习惯，并不是太困难，父母一定要有耐心，慢慢坚持，久而久之孩子就会养成自律的习惯。以这样的方式进行训练，孩子接受起来也不是那么吃力，大人也不需要长篇大论地讲道理。

2. 给孩子创造有时间概念的家庭环境

随着手机、电脑的普及，越来越多的人不再用专门的钟表看时间，但是要想让孩子养成自律的好习惯，就一定要让孩子对时间有清晰的概念。

父母要在孩子的床头、书桌及家中客厅等孩子经常活动的地方放置钟表，孩子房间可以使用闹钟。钟表可以提醒孩子做任何事情都要有时间观念。

此外，在日常生活中，父母要有意识地给孩子营造有时间观念的环境，比如早晨起床，父母提醒孩子5分钟要洗漱完毕，让孩子留意自己从出门到学校一般会花费多少时间、看一集动画片多长时间、看一页绘本会用多少时间等。

父母还可以通过旅行的方式，来培养孩子的时间观念。比如，新闻中曾报道过一位父亲带着11岁的儿子环游世界，这位父亲把钱全部都交给儿子保管，一路上的时间安排、旅行路线、吃住等全都由儿子决定。令人惊奇的是，这个11岁的小孩不但没有因为和父亲旅行而落下功课，反而每天晚上都会按时学习、做作业。整个旅行让这个11岁的孩子学会了如何安排时间、如何自律地学习，收获颇丰。

像这位父亲一样带孩子环游世界，对于绝大多数普通父母来说，可能难度比较大，但我们可以通过类似的活动来增强孩子的时间观念，提升孩子的自律能力。比如，在周末全家大采购的时候，把钱以及什么时间去采购、去哪里采购、都买些什么全权交给孩子,让孩子当一当一家之主;比如家庭大扫除的任务,全权交给孩子安排,父母听从孩子指挥等,这些都可以有效增强孩子的时间意识,提升孩子的独立性和自律能力。

3. 给孩子营造好自律的"软环境"

如果关于孩子的大小事,父母都是亲力亲为,那么孩子又怎么可能会养成自律的好习惯呢?父母在日常的家庭教育中,一定要有意识地留白,给孩子留出空白的时间,让孩子自我安排时间、自我规划行动的空间。比如,把周末的时间全部交给孩子来安排,什么时间写作业、什么时间玩耍、是不是要外出等,全都让孩子来决定。只有给孩子创造了良好的自律"软环境",孩子才能在实践中得到历练,从而提升自律能力。

此外,父母还要注意对孩子的决定及时进行反馈,当孩子按时完成作业或者做到连续一周的学习自律时,父母要及时肯定孩子、夸奖孩子。如果孩子不够自律,也要少给孩子负面反馈,少一些批评、斥责,多一点理解、支持和鼓励,这将有利于孩子自律能力的提高。

别让孩子总拿借口做挡箭牌

乐乐小朋友病了,病得很严重,一连输了好几天液才好转。父母觉得孩子的问题不大,决定让孩子去幼儿园。"乐乐,今天我们该去幼儿园了。"妈妈说道。

"可是,妈妈,我觉得病还没有好呢。"儿子说道。

看,一个年仅4岁的孩子已经开始学会找借口了。

孩子一个人玩耍,妈妈在孩子的身边忙碌着。忽然孩子没有站稳摔了一跤,妈妈立即扶起了孩子,只听孩子哭着说道:"妈妈,你怎么没有扶好我呢?"

看,又是一个会找借口的孩子。

借口在人们的生活中几乎随处可见。孩子学习走路走不太稳总是摔倒,哭哭啼啼地向家长诉说自己的痛苦。家长赶忙过来安慰,假装很愤怒,"等着,不哭,一会儿姥爷就拿斧子把它劈了,谁叫它把我外孙子绊倒了"。孩子听完不哭了。

妈妈为了哄孩子开心,告诉孩子决定在"五一"放假时带孩子去海边玩,并承诺过两天给孩子买一只电动玩具船。孩子等啊等啊,到了"五一",妈妈却说:"时间太短了,咱们的计划取消了。"原来,找借口的不仅只有孩子,家长也经常会找借口。

第六章　远离诱惑和借口：减少干扰，自律更容易

孩子的言行举止深受父母的影响。家庭教育是孩子时时刻刻都在接受的教育，孩子们会模仿家长，家长找借口，孩子也会学着找借口。"言传身教"讲的就是这个道理。很多时候，当家长还没有意识到自己的行为影响到孩子时，实际上对孩子的影响已经很深了。当孩子看到家长为了某些行为寻找借口时，孩子便已经学会了。所以，才会有那么多"借口"从孩子嘴里说出来。一个人一旦学会为自己的错误找借口，他便不会在第一时间意识到自己的责任，而是首先想到要把责任推给别人。

鹏鹏和妈妈一起逛街。当进入一家药店时，鹏鹏用力关了一下门，玻璃门被震碎了。妈妈的反应真快，立即说道："你家这买的什么门呀，差点把我家孩子弄伤。"药店老板没有推卸责任："对不起呀，回头我修理一下，孩子没有受伤就行。"

"可要好好修理一下，多危险呀！"鹏鹏妈妈说道。

"是的，我们会好好修的，开这种门时，就需要小心点，不要太用力。"店主说道。

实际上，这个小事故双方都有责任，鹏鹏也不是一点儿责任都没有，他用的力气太大了，一下子超过了玻璃门的承受极限，造成了玻璃门的破碎。作为家长应该叮嘱孩子，下次开这种玻璃门的时候应该小心一些，力度小一些，不然有可能会毁坏玻璃门，而且更有可能伤害到自己。可是，鹏鹏的妈妈却将全部责任都推给了药店，说门的质量不够好。如此一来，儿子就不会意识到自己的责任。孩子很单纯，妈妈这样说，他就会这样认为，他会觉得自己没有做错什么，门坏了和自己一点儿关系也没有。而鹏鹏妈妈这样的反应非常不好，她的行为给鹏鹏树立了不好的"榜样"。作

为家长，要想让自己的孩子将来有所成就，就应当从小培养孩子的责任心，让孩子意识到需要对自己的行为负责，而不是找借口。那么，家长应该怎么做才能让孩子不再找借口，勇敢地承担自己的责任呢？

1. 父母不应找借口要勇于承担责任

事情对就是对、错就是错，不要推卸责任。做错了就认真地道歉并及时补救。这样孩子也会模仿着父母的方式，不再推卸责任。

2. 教导孩子多找找自身问题

孩子做错事情之后，父母不要一味地帮孩子推卸责任，而应引导孩子从自身找问题，让孩子吸取教训，从而改进自己的不足。

3. 表扬孩子勇于承担责任

两个孩子玩耍时不小心打碎了邻居家的花盆。其中一个孩子由于害怕立即转身逃跑了，而另外一个孩子不仅没有逃跑，还主动找到邻居。妈妈知道后，责备孩子道："人家都知道逃跑，你怎么就不知道呢？"孩子有些迷惑："难道我做错了吗？"面对这种情况，家长应该观点明确，孩子并没有做错事情，家长还应当表扬孩子这种勇于承担责任的行为，不能因一时的得失而影响是非观，那样只会得不偿失。

孩子将来要独立行走于社会，勇于承担责任的气魄是孩子成功的关键。教育孩子成为光明磊落的人，就要培养孩子勇于承担责任的勇气，不为自己的错误寻找借口，承担后果、改正错误才是正道。

第七章
积极的自我暗示：引导孩子正确面对"自律损耗"

自律是一种有限的资源

想要把孩子培养成一个高度自律的人,我们首先需要了解"自律"的理论知识。

随着认知神经科学的迅速发展,人们对大脑的结构和发育情况有了更多认识,从而在理论方面为自律的研究提供了科学依据。

大脑分为三个部分——脑核、脑缘系统和大脑皮质。脑核控制着人的本能欲望,如食欲、性欲、争斗等,是支配冲动行为的中枢。

脑缘系统是在脑核之上形成的,控制着人的高级情感行为,如恐惧、愤怒、爱憎等。在某种刺激下,脑缘系统会产生相应的情感,然后向脑核下达行动指令。例如,当食物被敌人夺取时,脑缘系统就会产生愤怒的情感,然后下达"夺回食物,惩罚侵略者"的行动指令,于是一次争斗便开始了。对于孩子而言,当某件事物刺激他产生了情感冲动之后就会出现行为冲动,如感到愤怒,便会发脾气。哭闹、乱扔东西等行为都是这样形成的。

大脑皮质保存着一个人自出生后逐渐学习的各种知识,具有分析、总结、思考、判断的功能。因为能够产生理性分析能力,所以大脑皮质又称理性中枢。大脑皮质影响着脑缘系统,进而调节着人类的情感,控制着人类的行为,这个过程就是人理性分析的过程,因而通过自律能够控制自己的情绪。简单地讲,就是人能控制自身的感情。在人类的情感中,大脑皮质管理着人的七情六欲,这是人与低等动物的主要区别。

在大脑皮质上,掌管自律的部分位于前额区,称为眼窝前额皮质。孩子的自律能力强,其眼窝前额皮质比较发达,大脑皮质的理性命令能更好地抑制愤怒、仇恨、忌妒等情绪的爆发,从而控制那些不理性行为。如果眼窝前额皮质不发达,那么自律能力就弱,行为容易受到不良情绪的控制,导致行为鲁莽、冲动,不遵守法律和规则,没有耐性,容易急躁,性格消极,不擅长统筹安排。

眼窝前额皮质到底有多重要?举个例子来说明一下:

菲尼亚斯·盖奇是一名铁路工人,年仅25岁,深受大家的喜爱。同事们都觉得他性格好,总是能带给别人温暖,而且还肯吃苦,具有很强的意志力。但不幸的是,在一次意外爆炸中,盖奇受伤了。他的眼窝前额皮质在爆炸中受到了很大损害。医生竭尽全力救治他,两个月后,盖奇的身体机能得到了恢复,看起来就像一个正常人一样。盖奇和他的朋友们都非常高兴,认为这场可怕的灾难终于过去了。然而,事情并没有真正结束。盖奇的外伤的确痊愈了,但是他的大脑受到了伤害,而且无法得到恢复。

很快,大脑损伤症状便凸显出来,盖奇性情大变。他身边的人都发现,他再也不像从前那样受人喜爱了。盖奇变得脾气暴躁,不合群,经常粗鲁地侮辱同事,因为一点小事便和朋友大打出手,还总想去控制别人。

菲尼亚斯·盖奇的眼窝前额皮质在爆炸中遭受损坏,导致他失去了情感自控能力。因此,当一些事情刺激到他时,他的脑缘系统便会产生相对应的情感,而这些情感冲动不受任何限制,会直接产生相应的行为,导致行为冲动和失去理性。

这就是自律的中心——眼窝前额皮质，它控制着人类的言行举止和情感。当有不好的事情向人类发起挑战时，是它指挥着人类拒绝诱惑，在艰难的环境中坚持下去，不被任何事物所影响，凭借着钢铁般的自律能力，做自己的主人。

通常，科学家们会认为一个人只有一个大脑。而事实上，在每个孩子的大脑中都存在两个自我：一个是拥有肆意妄为、我行我素、不管不顾的任性自我，这个自我粗鲁、冲动、易怒、自私；另一个是温文尔雅、深谋远虑、充满智慧的理性自我，这个自我性格平和、与人为善、言行举止都非常得当。很多时候，孩子总是徘徊在这两个自我之间，摇摆不定，而最终决定孩子成为哪个自我的关键就在于孩子的自律能力。

但自律能力并不是与生俱来的，也不是取之不尽、用之不竭的资源，而是一种非常有限的资源。不管一个人有多么自律，也很难像机器一样经年累月地处于自律状态。当孩子遭遇挫折时，当孩子生病身体虚弱时，当孩子处于非常情绪化的状态时，当孩子非常疲劳时，其自律能力都会有不同程度的下降。

彻底做到自律的人是不存在的，父母在培养孩子自律能力的时候，必须要客观理智地认识这一点，并允许孩子偶尔的不自律。如果孩子已经困得睁不开眼睛了，父母还在要求孩子必须自律地完成作业才能睡觉，那么显然是非常不恰当的。这种做法不仅对培养孩子的自律能力毫无效果，而且会影响孩子休息和身体健康。此外，当孩子处于非常疲劳的状态时，不管干什么都没效率，还不如先让孩子睡饱然后再做作业。

自律是有限的、非常宝贵的资源，聪明的父母懂得引导孩子把有限的自律资源用到更重要的事情上。同样的自律资源，花在学习上和花在生活

第七章 积极的自我暗示：引导孩子正确面对"自律损耗"

上，必然会产生完全不一样的效果。不同的孩子，对自律资源的支配也有不同的偏好。有些孩子非常喜欢去游乐园玩，如果告诉他们第二天要去游乐园，他们就可以非常自律地主动早起收拾好出门要带的东西；而有些孩子比较喜欢安静地看书，虽然看书时他们非常自律，但要想让他们出门，孩子就会出现拖拖拉拉、磨磨蹭蹭的现象。

俗话说，好钢用在刀刃上，关于如何让孩子把自律这种有限的、宝贵的资源发挥出最大价值，父母一方面要引导孩子分清事情的轻重缓急，学会科学地使用自律这种资源；另一方面也要兼顾孩子的个性与兴趣，只有这样，才能让孩子用有限的自律资源创造出无限精彩的人生。

诱发自律损耗的情况有哪些

凯斯西储大学的两位心理学家专门设计过一个关于自律的实验，结果发现人的意志力是有限的，一旦使用过度就会下降。研究人员称意志力就像人体的肌肉一样，会因为使用而耗尽。这种说法实际上并非没有道理，当一个减肥的人，面前摆放了一盘美味的蛋糕和一盘小萝卜，要想抵制蛋糕的诱惑，会变得非常艰难。

父母要想避免孩子的自律能力被过度损耗，就必须清楚诱发自律损耗的情况都有哪些。一般来说，导致自律损耗的情况主要有以下几种。

1. 诱惑会加速自律损耗

在诱惑面前，没有人能够做到百分之百自律，成年人尚且如此，更不要说孩子。诱惑会加速自律的损耗，因为人性本身就存在诸多弱点，如贪婪、自私、趋利避害、惧怕风险等。在现实生活中，人人都想成功，但不管怎样努力，在朝着梦想进发的过程中，总是会被这样或那样的状况阻挡：或因虚荣而急功冒进，或因贪婪而被引诱，或为坏情绪而停滞……

人类的一切美德都来源于自律，如果被"弱点"控制和支配，那么人类就只能随波逐流，成为强烈欲望的奴仆。

不管是大人还是孩子，每个人身上都潜藏着懒惰、贪婪等人性的弱点，关键是如何选择，是选择沦为这些"人性弱点"的奴隶，还是用强大

第七章 积极的自我暗示：引导孩子正确面对"自律损耗"

的自律能力打败它们，成为自身的主宰者。

2. 负面情绪会加速自律损耗

一个人朝气蓬勃、心情愉悦时，做事往往事半功倍。在现实生活中我们经常看到：那些轻轻松松、快快乐乐、边玩边学的孩子，往往学习成绩非常好；相反，那些一脸愁容，总是心事重重、办事磨磨蹭蹭的孩子成绩反而不好。

其实，心理学家的研究表明，处于积极情绪中的孩子有如下优势：少生病、心态乐观、亲密的家庭关系、学习的时候事半功倍、做事情更自律等；而如果孩子的情绪处于消极状态，可能产生如下不良后果：生理机能下降、自我责备、难以与人交往、产生厌学情绪、与父母长辈逆反对立等。总的来说，积极的情绪会提升孩子的自律能力，而消极的情绪会加速孩子的自律损耗。

3. 意外情况会加速自律的损耗

一个决心自律的人最怕什么？当然是始料不及的各种意外情况。比如，父母刚给孩子报了一个舞蹈班，孩子正兴高采烈地打算好好学习，谁知突如其来的感冒，让孩子一夜之间就发起烧来，且病得还很严重，于是孩子好不容易制订的学习计划，不得不因为身体原因而搁浅。

不管是父母还是孩子，相信都有过这样的经历：在给自己制订了严格、详细的计划后，刚开始几天往往都能够自律地完成任务，一切都进展顺利，可一旦出现意外，打乱了原本制订的计划，导致自律缺席了一天，那么我们的自律能力往往就会溃败，后边再想恢复到严格自律的状态就会变得非常吃力。所有计划之外的突发情况，都会打乱我们自律的节奏，加速自律的损耗。

4. "下决心自律"本身也会加速自律的损耗

每次"下决心自律",实际上都会耗损我们的期待值、耗损我们的自律。这是因为"下决心自律"并不等于自己变得自律,总是会有这样或者那样的原因或借口,让我们无法坚持长久的自律,在与很多阻碍因素抗争时,不管是父母还是孩子,都很难永远是胜利的那一方,在这种抗争之中,我们可能会失败,而每一次失败都会让我们对"下决心自律"更执着,同时也会损耗更多的自律。

"下决心自律"的情绪是很珍贵的,每一次下决心改变自己,都要格外珍惜这个开始。但它的每一次结束,都在耗损我们对自己的期待值和自律,毕竟一个人对自己的期待值以及所拥有的自律资源是有限的,所以一定要珍视,不可随意频繁地"下决心自律"。

5. 过度疲劳会加速自律的损耗

当孩子因为学习过度疲劳时,往往会头晕脑涨,大脑就像一台已经生锈的机器一样,怎么都运转不动,这时要想做到自律就太困难了。一个处在严重脑疲劳状态中的人,意志力非常薄弱,自律能力也会降到一个较低的水平。

除了脑疲劳外,身体疲劳也会加速自律的损耗。比如,当孩子刚经历过一段长时间的体育运动或体力劳动后,往往会出现浑身无力、疲累、不想动、某些身体部位酸软等情况,这时,要想让孩子自律地坚持写完作业再休息,也是非常困难的,绝大多数孩子都无法做到,即便是被父母强迫,他们也难以完成任务。因此身体上的疲劳也会加速自律的损耗。

6. 特定信息也会加速自律损耗

观望其他自律的人,往往会加速自身自律的损耗。这是因为,我们在观看其他人的自律故事时,往往自己会变得没有自信,从而产生世界上随便一个人都比我有执行力、都比我自律的想法，进而产生心理上的自我逃避。

除了对比产生的差距感会对自律造成损耗以外，周围人的否定也会加速一个人的自律损耗。比如，孩子制订了严格的自律计划，可父母一个劲儿地说孩子根本做不到，甚至是采用讽刺、挖苦的语言来评价孩子的自律计划，很显然父母的评价也会导致孩子自律能力的快速损耗。

人是社会性群体动物，总会受到社会各种信息的影响，一些负面的信息往往会损耗人的自律。

人们应该如何面对自律损耗

自律损耗是一种非常正常的现象,父母要科学引导孩子正确面对自律损耗。

1. 正视自律损耗的事实,保持冷静

自律损耗是客观存在的,每个人都会遇到自律损耗的情况。面对自律损耗,父母首先要告诉孩子接纳现实,并保持冷静。当自律耗尽,我们还没能完成预定目标的时候,我们会产生愤怒、抱怨、冲动、灰心、郁闷等不良情绪,这是由于现实与理想的巨大落差造成的。我们期待拥有强大的自律能力,可现实中被损耗的自律却不堪一击,这种对比容易让人的情绪出现巨大波动,这时一定要保持冷静。

心理学研究发现:人在情绪保持冷静的状态下,更能保持清晰的思考,做出的抉择也会更明智;相反,在情绪冲动的状态下,自律会变得非常薄弱,人们很容易做出非常愚蠢的举动。尽管人人都知道"保持冷静"很重要,但绝大多数人在自律耗尽之后往往都会被情绪控制,处在极端情绪当中的人,尤其需要保持冷静。

保持冷静的办法很简单,那就是勇敢坦然地接纳现实,不管现实中自己的自律能力如何,有没有因为不自律造成缺憾等,我们都要平静地去看待,毕竟人生不如意事十之八九,接受了现状自然也就不会因情绪冲动而丧失理智，也就不会对自律损耗这件事耿耿于怀。

2. 驱除自律损耗后的无力感

自律损耗往往会带来一种无力感，父母要引导孩子努力驱除这种无力感。

从心理学层面来讲，一旦人的内心生出无力感，主观能动性就会大打折扣，行动积极性也会随之降低。而没有了行动的有力支持，任何目标和理想都会变成"镜中花""水中月"。那么，我们为什么会被"无力感"困扰呢？其实，这是"恐惧""害怕"的心魔在作祟，现实和目标相差那么远，目标难以实现，所以我们被自己臆想出来的"困难"吓坏了、打败了。

人类前进的动力主要来自对未来的期待、对成功的向往，如果不能克服对未来的恐惧之心，将永远失去前进的动力，一辈子都在"无力"改变现状的纠结中苦苦挣扎，甚至陷入自责、愧疚的心理深渊而无法自拔。要想让孩子成为一个自律的人，就要鼓励孩子去战胜内心的"无力感"。那么，究竟怎样才能驱除内心的这种"无力感"呢？

1. 直面现状

人之所以会生出"无力感"，很大程度上是出于对"现状"的不满。比如，对不够自律的自己不满，理想中自律的自己与现实中不自律的自己，两者之间的差距只会让人更加消极、挫败，从而生出无力改变现状之感。要想赶走内心的"无力感"，首先必须坦然地直面现状，接受现实中的自己。

2. 适度期待

人们常说"心比天高，命比纸薄"，越是妄想一步登天的人，其命运越曲折、悲凉，这种说法并非没有道理。从心理学角度来分析，当我们所制定的目标远远超出自身的能力时，我们心里就会产生严重的挫败感，从而变得越来越消极，最终只会一事无成。所以制定目标一定要合理，对未来的期待要适度。此外，也不要过于看重结果，人生本来就是一场旅行，前方的目标固然重要，但也不要忘了欣赏沿途的风景。

　　一个人的自律能力在损耗之后，可以经过调整和学习恢复原状并获得成长，所以不必担心。自律损耗殆尽后再调整恢复原状的你可以变得更加自律。所以，自律损耗后的"无力感"不可怕，只要不断调整自己的状态并努力提升自身的能力，总有一天可以战胜它。

　　3. 赶走负面情绪，保持乐观的好心情

　　每天担心天会不会塌下来的杞国人很愚蠢，但实际上我们又何尝不是一个忧天的杞国人？每天都担忧自己明天能不能自律地完成任务；担心自己的不自律会不会导致落后于人的结果……实际上所有关于自律的担忧都是非常愚蠢的。

　　担忧解决不了问题，也不会让我们变得更自律，它只会让我们的情绪变得焦虑，久而久之就会演变成抑郁。自律损耗与负面情绪是一对"孪生姊妹"，父母要引导孩子赶走负面情绪，保持乐观的好心情。那么，对于普通人来说，怎样才能远离负面情绪，享受阳光快乐的人生呢？

　　第一，不要为了过去的事情烦恼。"我当初要是能再自律一点……"过去的事情已无法改变，即便再悔恨、再烦恼、再纠结又有什么用呢！如果不想变成"伤春悲秋"的"林妹妹"，那么就从现在开始丢掉"念旧"的习惯，目光向前看，不要为了无法改变的事情折磨自己。

　　第二，不为明天的事情担心。不要预支未来的烦恼，明天还没到，我们就不必为明天的自己会不会自律而忧心……既然是未来的事情，为什么现在就开始担忧、烦恼呢？这不是未雨绸缪，而是给自己的心灵增加无谓的负担。

第三,只皆耕耘莫问收获。对自律结果的期待或惧怕,也会给我们增添很多烦恼。每个人的人生终点都是死亡,不要太过执着自律的结果,人生的过程才是最为宝贵的经历和财富,按照你的本心兢兢业业、勤勤恳恳地做就好,只要做到位了,结果自然不会太糟糕。

一天 24 小时,被负面情绪困扰着也是一天,乐观开心着也是一天,既然如此,为什么还要紧锁眉头呢?自律损耗不可怕,只要我们帮助孩子赶走负面情绪的阴云,孩子的心灵自然能够重回温暖的阳光之下,在短暂的休息和调整之后,反而能拥有更强大的自律能力。

如何引导孩子面对自律损耗

从心理学角度来讲，自律既是一个人意志力的外在表现，也是其情绪和智力的外在映射。不管是意志力缺乏，还是智力低下，都不可能拥有强大的自律能力。

此外，当人没有意识时，其自律系统无法发挥作用，因此沉睡或昏迷中的人是没有"自律"能力的。换句话说，只有在孩子意识到自己在做什么及为什么要如此做的情况下，"自律"才有用武之地。比如，想戒除游戏的孩子，首先要意识到自己想打游戏的冲动，其次还要知道如果不能控制自己，这次打游戏，以后还会打游戏，既然下定决心戒除打游戏，就必须要有坚强的意志力。

道理听起来似乎很简单，但在现实生活中，绝大多数孩子在做决定的时候，往往都处于一种"无意识"状态，就像汽车开了自动挡，按部就班地起床、吃饭、上学、放学、写作业……根本没有意识到自己每天都做了哪些决定，而又为什么要做决定，更没有考虑过这些决定可能导致的后果。

为人父母，我们要想让孩子成为一个自律的人，就一定要有针对性地引导孩子学会正确面对自律损耗。

1. 引导孩子每天进行自我反思

每天晚上临睡前，父母要引导孩子一起反思。反思的内容主要包括：今天有多少想做却没有做的事情？为什么想做最终却没有做？今天做了几个比较重要的决定？当时是否清醒意识到"决定"时刻的到来；如果给今天自己的自律表现打分，满分是 10 分的话，你准备给自己打多少分；今天出现了几次不自律的情况；为什么会出现不自律的状况……

"每日三省吾身"的古训并非没有道理，坚持自我反思能够让孩子清醒地认识到自律方面的不足，强化自律的"自我意识"，从而更深刻地了解自己、认识自己、约束自己、管理自己。

2. 帮助孩子进行意志力训练

一个人的自律能力与其意志力息息相关，一般来说，意志力越强大的孩子，其自律能力也就越好。所以，父母不妨通过帮助孩子进行意志力训练的方法来强化孩子的自律能力，以便更有力地对抗自律损耗。

肌肉越锻炼才能越结实，意志力也是如此。冥想大脑训练法就是一种十分简单实用的意志力训练法，不仅能够有效增强大脑的反应能力、思考能力，还能在不知不觉中强化人的意志力和自律能力，具体方法如下：

首先，原地不动，安静坐好。背挺直，坐在椅子上或盘腿坐在软垫上均可，双手自然放置在膝盖上，慢慢放松自己的身体和大脑。静坐是一种很好训练意志力的方法。

其次，注意自己的呼吸。在放松的状态下，注意自己的呼吸，吸气时脑海中默念"吸"，呼气时默念"呼"，保持心无杂念的状态，不要走神。一旦发现自己走神，就要让自己的注意力重新回到呼吸上来。此项训练能够提升孩子的专注力，强化大脑处理压力和冲动的稳定性。

最后，要让孩子弄清自己为什么走神。在呼吸的过程中，不管是大人还是孩子往往会在不知不觉中走神。父母在和孩子一起进行练习的过程中，要有意识地引导孩子，让孩子弄清自己是从什么时候开始走神的，这有助于强化孩子自律的"意识"，还可以增强意志力。

需要说明的是，孩子无法长期做一件事情是很正常的，长时间跑步肌肉会疲惫，长时间集中注意力大脑同样也会疲惫，大脑一累就会走神儿，每个孩子都是这样，这并不能说明孩子的自律能力差。要想让"自律"在孩子身上发挥最大效用，还要让孩子注意休息和补充能量。

尽管所有父母都希望自己的孩子拥有无限强大的意志力和自律能力，但这根本不现实。因为限于生理、心理等多种因素，每个孩子的自律能力或者注意力都是有限的，在这种情况下，父母要让孩子学会掌握学习节奏，做到张弛有度。此外，在可以省力的地方，一定要毫不犹豫地节省能量，只有这样才能把"意志力"和"自律能力"用到更有价值的事情上。

3.挖掘孩子的潜能，找出孩子的能量宝库

人们常说："没有想不到的，只有做不到的。"事实上，这并非夸大其词，每个孩子的内心都沉睡着一股无所不能的力量，它就是意志力。只要父母能够唤醒孩子的潜能，找到并开启孩子的能量宝库，就能够让孩子有所成就。

那么，父母要如何做才能开启孩子的巨大潜能呢？

第一，父母可以巧用"最后通牒效应"来强化孩子行动的紧迫感。不管是学习还是生活，父母都要引导孩子给自己制定目标以及目标的最后完成期限，借助"最后通牒"使孩子提高学习效率，激发人生正能量，完成根本不可能完成的事情。

第二，心理暗示的影响力是不可思议的。如果孩子一直想象自己成为一个自律达人，并积极地为此做出努力，那么孩子很可能真的会成为一名超级自律的成功人士。当孩子面对困境束手无策时、当孩子自律耗尽灰心丧气想放弃时，父母不妨让孩子学会借助积极的心理暗示来调整自己，引导孩子幻想一下克服困难后的情形或实现目标后的成功场景，这有助于帮助孩子忘记困境所带来的心理创伤，能够激发孩子把"幻想"变成现实的热情与干劲。

帮助孩子学会积极的自我暗示

积极的态度会改变一个人的生活方式,消极悲观的人大多生活在自己的心理阴影中,早已丧失"征服世界"的能力。正如高尔基曾说:"只有满怀自信的人,才能在任何地方都怀有自信,沉浸在生活中,并实现自己的意志。"如果不想让孩子在自怨自艾中沉沦,那么身为孩子的父母,就要从现在开始帮助孩子学会积极的自我暗示。

在心理学上,有一个非常有趣的镜子效应,思想与行动之间存在一种非常微妙的关系,你怎样想很大程度上就意味着你会成为怎样的人。消极的自我意识,只会打击人的行动积极性,压抑潜能的开发。唯有用积极的自我暗示武装身心,才能"明知山有虎,偏向虎山行",才能发挥出不可思议的主观能动性,成为一个在困难面前依然昂首挺立的人。

英国著名心理分析家哈德菲尔德在他的《权力心理学》一书中曾这样写道:"我们所感受到大部分的疲劳与无力是由于心理的影响。事实上,纯粹由生理引起的疲劳是很少的。"忧虑、紧张、不安、焦虑等心理负面情绪正是造成"疲劳"的罪魁祸首,所以要想让孩子保持学习的高效率,减少消极情绪给孩子带来的"疲惫感",就必须要寻找积极情绪的"转换器"。

心理学研究发现:人在激情的支配下更能调动身心的巨大潜力。所谓

"激情"，即一种强烈的情感表达形式，往往出现在强烈刺激或突如其来的变化之后，具有迅猛、激烈、难以抑制等特点。

在日常生活中，孩子很难一直保持富有激情和创造力的状态，不断重复的学习、接连不断的挫折及面对未来时的无措与迷茫都会让孩子进入"灰暗"世界。如果不想让孩子在无止境的"麻木"中失去自我，就必须帮助孩子把潜在的力量调动起来，而激励自我正是发掘自身潜能的最好办法。

身陷困境的人，只有自我激励才是唯一的救赎方式。自我激励可以迅速消除被拒绝后的挫败、失落，还能帮助孩子保持一种富有激情的学习状态。每个孩子的潜能都是无限的，但绝大多数时候，它们都在孩子的潜意识中沉睡，要想唤醒潜能，就必须借助自我激励和积极的自我暗示的办法，让激情快速燃烧起来。

具体来说，怎样才能借助积极的自我暗示持续保持激情的状态呢？

1. 培养乐观精神，强化积极思维

谁的生活也不可能一帆风顺，要想不被困难、挫折打倒，就必须培养孩子的乐观主义精神，让孩子学会苦中作乐，学会坦然地面对世界、面对自己。乐观精神是积极自我意识的精神内核，一个乐观的人即使身处绝境也能想办法走出一条路来。

有些孩子遇事总会不由自主地往"坏"的方面想，这可不是一个好现象，久而久之很容易形成消极的自我意识。因此，父母要引导孩子遇事多想好的一面，强化积极思维，增强孩子对未来的预见性，充分发挥孩子的主观能动性，从而尽快找到解决问题的办法。

世界上没有十全十美的事物，不要让孩子过分追求完美，既不要过于放大平时的一些失败，也不要太在意别人的负面议论，只有这样，孩子才

第七章 积极的自我暗示：引导孩子正确面对"自律损耗"

能一直保持积极的自我意识，才能呈现最好的状态。

积极的情绪，有利于孩子的身心健康和自律能力的塑造；有利于孩子在面对困难时，进行冷静的分析并采取准确恰当的应对措施；有利于孩子抵御不良情绪的侵扰，保持健康、乐观的心态；有利于孩子人际关系的处理；有利于孩子与他人进行心灵的交流和爱的分享。

积极心理学的研究证实，和一般孩子相比，那些具有积极情绪的孩子具有更好的社会适应能力，他们能更轻松地面对家长的责备、生活中上的逆境，即使面临最不利的局面，他们也能做到自律。

要培养孩子乐观的品格，父母担当着很重要的角色。父母在处理一些问题时的态度，对孩子的影响很大。比如，外面下雪了，如果父母抱怨道："什么破天气呀，早不下晚不下偏偏上班的点儿下。"孩子听到了也会被这种抱怨的情绪所影响。可是，如果父母很愉快地说道："下雪了，好美丽的雪花呀！"这样孩子也会产生愉快的心情。父母一定要注意保护孩子的心灵，不管外界的环境如何，要让孩子保持一种乐观的心态，这样有助于培养孩子的自信心，对于提升孩子的自律能力也很有帮助。

2.转换情绪，激情永驻

当孩子被负面情绪影响时，父母需要做的是：扮演一位鼓励者、一位陪伴者，适时给孩子鼓劲和必要的意见，帮助孩子拨开乌云、转换情绪，让孩子看到希望的艳阳天。

君君是个自律的孩子，在学校认真学习，回到家主动帮妈妈干家务。但是，这么自律的孩子偶尔也会让父母担心。父亲平时对君君的管教比较严，认为孩子在学校里听到了很多夸奖的话，在家里就应该给孩子降降温，让他知道自己还有很多不足之处。可君君是一个非常自律也非常要强的孩子，他不愿意把自己的缺点暴露出来。父亲的这种教育，让君君很难过，他常常被负面情绪困扰，但在家里他没有一个可以发泄情绪、转换情绪的地方。

孩子也有自己的喜怒哀乐，也需要在适当的时候发泄自己的不良情绪，所以，作为家长，应该在家为孩子营造一个释压的环境。

当孩子的状态特别低迷的时候，我们不妨带着孩子一起运动，比如奔跑、游泳、健身操、骑车等运动都能快速激活"细胞"，唤醒孩子的正面情绪。科学研究发现，运动不仅能够帮助人们保持身体健康，还能产生一种"快乐因子"，能有效带动情绪的变化，激发人的潜在能力，是一种行之有效的自我状态调整法。

此外，音乐也具有非常神奇的作用，它能够帮助人们抚平心灵的创伤，尤其是节奏欢快的音乐，可以迅速赶走"消极""压抑""悲观"等负面情绪，在轻快的节奏带动下，人的灵魂也会跟着"轻盈运动"起来。所以，我们可以鼓励孩子多听节奏欢快的音乐，这有助于孩子保持乐观阳光的心态。

第八章
开心游戏学自律:
轻松培养孩子的自律能力

玩游戏也能培养孩子的自律能力

苹果公司创始人史蒂夫·乔布斯曾说过："自由从何而来？从自信来，而自信是从自律来。"乔布斯每天四点起床，九点前把工作做完，正是这种极强的自律，让他成为一个用"苹果"改变世界的人，开创了智能手机新时代。

正如俞敏洪所说："没有自我管理，人生难以变得更好。"自律是成功人士的必备品质之一。有些父母认为，成年人才讲自律，小孩子哪里会有什么自律能力。其实不然，孩子虽然心智不够成熟，但是在成长的过程中，他们对世界的认知也在不断加深。同时，由于他们的神经系统发育不成熟，所以面对外界的诱惑、刺激时容易出现不自律的情形。

现在的孩子大多是独生子女，他们从一出生就成为家庭的中心。平日里，家长对孩子呵护有加，他们想要什么就给买什么、想要做什么家长就陪着做什么，久而久之，孩子就会觉得什么事都是自己说了算。在这种环境下成长起来的孩子，大多比较自私，做事全凭自己的喜好，自律能力比较差。

另外，许多父母也没有做好榜样。孩子的模仿能力很强，而他们最直接的模仿对象就是父母。试想一下，你每天起床时都是关了闹钟继续睡，说好第二天要带孩子去玩儿却因为懒得动而取消计划，自己都不自律，又

第八章　开心游戏学自律：轻松培养孩子的自律能力

怎么能让孩子成为一个按时起床、准时睡觉的自律的人呢？父母在生活中的种种表现都会对孩子产生深远的影响，如果父母的自律能力欠佳，孩子的自律能力也会受到影响。

孩子的认识能力毕竟有限，还不能很好地分清是非对错，所以当他们的要求不被满足、不合心意的时候就会出现冲动、自律能力差的表现，这是很正常的现象。随着年龄的增长，孩子会越来越自律。

虽然孩子的自律能力不强是正常现象，但是孩子经常有冲动、控制力差的表现就应引起父母的注意了。比如，有的孩子干什么都拖拖拉拉，这就是典型的缺乏自律能力的表现。心理学家和教育学家认为，孩子缺乏自律能力，可以通过有针对性的训练来改善。

需要注意的是，对于孩子自律能力的培养，并不是指要严格管教孩子。心理学家研究发现，培养孩子的自律能力有很多方式，玩游戏便是其中的一种。当然，并不是所有游戏都能培养孩子的自律能力，下面介绍几种可以培养孩子自律能力的游戏。

1. 运动类游戏

运动类的游戏非常多，如踢毽子、跳皮筋、投篮球、打羽毛球或乒乓球、跆拳道、滑旱冰、跳舞和健美操等，可以根据孩子的兴趣和身体情况，选择适合孩子的运动类游戏。这类游戏带有竞赛性质，能够让孩子在跑、跳、走、爬等运动中提升自己的动作自律能力。

2. 操作类游戏

操作类游戏的重点在于动手，拼图、乐高、积木和手工制作等都属于操作类游戏。操作类游戏可以让孩子的手部动作更加灵活，游戏中孩子的注意力会集中在手部动作和材料上，这样孩子的行为自律能力能得到很好的锻炼。

3. 智力类游戏

注意力训练游戏、逻辑推理游戏、数独游戏、成语接龙、脑筋急转弯、象棋、跳棋和围棋等都属于智力类游戏。这类游戏侧重于智力方面的训练，可以训练孩子的专注力，对于培养孩子的自律能力很有帮助。

4. 娱乐类游戏

通过设定一定的情景，让孩子们在规定的情景内游戏，比如捉迷藏、老鹰捉小鸡等。这类游戏让孩子享受到游戏乐趣的同时，还能培养孩子的行为自律和情绪自律能力。对孩子来说，他们比较容易控制自己的动作，但是对感情和情绪比较难控制。这类游戏通过让孩子控制自己的动作来学习控制自己的情绪。

现代人很强调自律能力，因为较强的自律能力是一个人取得成功的重要条件之一。良好的自律能力有助于一个人控制好自己的行动、情绪。但是，孩子的神经系统发育并不完善，因此他们的自律能力普遍较弱。大量研究表明，缺乏自律能力的人做事优柔寡断、目光短浅，而且一旦遭遇挫折就会一蹶不振，变得悲观、沮丧。因此，要想让孩子健康成长，就要注重培养孩子的自律能力。

在培养孩子的自律能力时，应根据孩子的性格特点选择适合孩子的游戏。总之，在游戏中锻炼孩子的专注力、自觉性、意志力等品质，十分有助于培养孩子的自律能力。

延迟满足：神奇的"糖果效应"训练

在日常生活中，我们经常在公共场所见到这样的场景：

超市里，小朋友想要买可乐，父母考虑到喝可乐不太健康，拒绝了孩子的要求，于是小朋友又哭又闹，死拽着父母不让走，甚至有的孩子会直接躺在地上撒泼耍赖；玩具店里，又大又酷的变形金刚实在是太吸引人了，明明家里有很多玩具，孩子玩起来都是三分钟热度，但还是缠着父母要买新玩具；游乐场，孩子已经吃了一根雪糕，但还是不满足，非要闹着再买两根，完全不顾父母关于"雪糕不能多吃，多吃会肚子不舒服"的劝说。

……

这些孩子，在欲望面前，没有一点忍耐力，一旦要求没有被满足，就会大吵大闹，甚至不惜一切代价来达到目标，即便被告知稍后会满足他们的要求，他们还是不依不饶。实际上，这些有需求就必须立即满足的孩子，本质上是因为自律能力差。

孩子自律能力差，缺乏延迟满足的能力，和父母的溺爱分不开。由于父母的过度溺爱，孩子往往会变得暴躁、自私，没有忍耐力。

洋洋今年6岁，是家里不折不扣的小皇帝，他的所有要求都必须立即得到满足，否则就会大吵大闹，搅得一家人都不得安宁。

这天，爸爸带着洋洋去同事家做客。在同事家，同事的儿子小风拿出自己的玩具和洋洋一起玩，两个孩子玩得不亦乐乎，两位爸爸则在客厅聊天。谁知没过一会儿，两个孩子就在房间里吵了起来，两位爸爸闻声而至，发现洋洋和小风在抢一个小汽车玩具。洋洋爸爸看着闹得不可开交的两个孩子，对洋洋说："儿子，把小汽车给弟弟玩，你玩这个木偶。"

洋洋看都没看爸爸手里的玩具就拒绝道："不要，我就要玩小汽车。"说着还推了小风一把，小风"哇"的一声哭了起来。

洋洋爸爸这时有些着急了，对洋洋说："你是哥哥，为什么不让着弟弟，你要是再不听话，以后就不带你出来玩了。"

爸爸的话使得洋洋也放声大哭起来，一边哭一边在地上打滚："我就要小汽车，爸爸坏、爸爸坏……"

看着不听话的儿子，洋洋爸爸非常尴尬地劝说道："洋洋听话，爸爸明天就买一个新的给你，这个是弟弟的，给弟弟玩，好吗？"

洋洋依然不依不饶，扯着嗓门大喊道："我不要新的，我就要这个。"

看着如此不听话的儿子，洋洋爸爸才意识到问题的严重性。

其实，生活中像洋洋这样的孩子有很多，他们希望自己的需要必须立即得到满足，不能有丝毫的延迟。这样的孩子往往只注重眼前的利益，而看不到长远的目标。且这类孩子大多性情急躁，做事不考虑后果，缺乏情绪和行为自律能力，做什么事都想立竿见影，急功近利。

身为父母，要想让孩子健康成长，就要注重培养孩子的自律能力。因为，孩子只有有了自律能力，才能控制、调节自己的情绪和行为，才能抵制诱惑，为了实现目标而坚持不懈地努力。

著名的"糖果效应"实验即验证了延迟满足对培养孩子自律能力的重要性。一个人要想取得成就,就必须具备抵御诱惑、控制冲动的能力,这种能力可以通过后天培养来获得。延迟满足是锻炼孩子自律能力的一种十分有效的方法。

延迟满足不是让孩子无休止地等待,也不是要压制孩子的欲望、需求,而是要让孩子学会克制、忍耐,能够为了长远的目标而放弃眼前的利益。延迟满足能够让孩子提高情绪和行为的自律能力,学会做自己的主人,在面对外界的诱惑、压力时,可以很好地控制自己的情绪及行为,既不致因为压力而失控,也不致因为抵挡不了诱惑而迷失。这样,孩子长大之后才能成为一个自律的人,才能应对生活中的困难,抵御外界的诱惑,实现自己的人生目标。

规则遵守：带孩子玩指令游戏

规则是指在日常生活中人们应当遵守的法则、章程、条款等，也是维护社会正常秩序的基础。规则的存在就是要让每个人都去遵守，而且每个人也必须遵守。不过，对于孩子来说，规则的约束会让他们感到不舒服。所以，面对规则，孩子多数是对抗，而不是遵从。

让孩子遵守规则并不是一件容易的事，一方面，孩子的神经系统发育还不成熟；另一方面，孩子成长的过程也是一个探索、认知的过程。对此，孩子更想随心所欲地探索，对于约束自己的规则必然也会很抵触。相信很多父母都有过这样的经历：

"不是说好了只玩一会儿电脑吗？怎么又玩了这么长时间？"

"我才玩了半个小时而已。每次一玩游戏您就说，烦不烦啊！"

"那你就该好好听我的话！说好了一会儿，就是一会儿。"

"半个小时不也是一会儿吗？"

对于孩子的反驳，父母只能无奈叹气。

其实，生活中这样的情形很多，父母站在自己的角度对孩子发号施令，孩子刚站在自己的角度来思考父母的指令，这之间必定会出现理解上的偏差。而这些偏差会让父母制定的家庭规则不能被认真遵守，规则意识无法在孩子心中形成。

第八章 开心游戏学自律：轻松培养孩子的自律能力

不过，要让孩子遵守规则并非不可能，通过教育、培养，孩子也能够很好地遵守规则。在培养孩子遵守规则的游戏中，指令游戏的效果往往更佳。孩子的意志力一般比较差，很难长时间地坚持做一件事情。但是对于有趣的游戏，孩子们都愿意参与其中。

在国外，有一个著名的"西蒙说"游戏，这个游戏是在几个孩子中选出一个人，让他担任"西蒙"这个角色，然后由"西蒙"发号施令。当他说"西蒙说，抓耳朵"时，其他小朋友就要抓自己的耳朵；当他说"抓耳朵"，而没有说"西蒙说"的时候，其他小朋友就不能有动作，如果做错就淘汰出局。最后，胜利者可以扮演下一轮的"西蒙"。

这个游戏一方面可以培养孩子的反应能力；另一方面可以培养孩子的自律能力，同时孩子也在这些指令游戏中学会遵守规则。

我们都玩过游戏，也都知道游戏很有趣，知道游戏都有规则，如果违反了规则就要受到惩罚。孩子们喜欢游戏，必然也会在玩游戏时遵守游戏中的规则，甚至有的孩子会因为被某个规则吸引而去玩游戏。

当然，并不是所有孩子都能认真遵守规则，因为不是每个孩子都有很强的规则意识。不过，通过一次次的游戏，又有其他小朋友在旁边可参照，那些规则意识弱的孩子也会逐渐强化自己的规则意识。

虽然有些孩子不愿意遵守规则，但是这并不代表他们没有规则意识。如果大人要他们做的事情违反了他们的规则，那么他们也就不愿意去做了。比如，吃饭的时候孩子想要用勺子，家长却让他们用筷子，这就违反了他们心中的规则，他们自然就不愿意吃饭了。

其实，不光是指令游戏能够培养孩子遵守规则的意识，平时父母与孩子交流时对于指令的运用也可以培养孩子遵守规则的意识。

当然，这需要父母发出的指令要清晰具体。比如，父母想要引导孩子

165

懂礼貌，应该明确告诉孩子如何做才是有礼貌，而不是简单地告诉孩子"你要懂礼貌"，要明确告诉孩子"见到叔叔阿姨要问好"。

另外，孩子的心智并不成熟，父母发出指令时应该一次只给一个指令，不要发出多重指令，因为过多的指令只能让孩子越发迷惑。

同样的指令只能发出一次，而且要用肯定的语气。比如，让孩子吃饭，只需要通知他一次，不要反复地唠叨，如果孩子没有反应，也不要再叫他。因为反复的唠叨不但会让孩子觉得厌烦，也会让孩子的规则意识淡化。

还有，在对孩子发出指令的时候使用正式的语气和口吻效果会更好。比如，不让孩子玩游戏，如果说："孩子，别再玩游戏了，该学习了。"这样孩子可能无动于衷。可以换一种方式说："王小东，现在是你学习的时间，不要再玩游戏了。"

其实，通过认真观察我们不难发现，那些有规则意识的孩子，他们的自制力普遍比较高，也能够更快地适应陌生环境，而且他们也明显比那些没有规则意识的孩子成长得更快。因此，要培养孩子的自律能力，就不能忘记培养孩子的规则意识。

情绪自律：十分刺激的"抓卧底"游戏

人都有七情六欲，愤怒的时候会发火，高兴的时候会大笑，难过的时候会流泪。情绪会暴露一个人的心理活动，所以人们要学着控制自己的情绪，不过控制情绪并不是一件容易的事，对孩子来说就更难了。

在孩子成长的过程中，对孩子影响最大的不是外部的困难，而是孩子自身，因为心智还不成熟的他们很难控制情绪，所以当他愤怒的时候就会大发雷霆，周围的小伙伴就会对他"畏"而远之；当他难过的时候会哇哇大哭，周围的人也会被他的情绪所感染，而变得难过、焦躁。

有人说过，"每个人的每一天都面临着情绪管理的难题，可以说情绪管理是整个人生的第一管理"。还有人说过，"一个人要想取得成功，起到关键作用的不是他的智力而是情绪能力，前者只占了20%，后者则要占到80%"。

综观历史，那些有大成就的人都懂得管理自己的情绪，能做到"喜怒不形于色"；而不懂得控制自己情绪的人总会为情绪所困，把自己的性格缺点暴露出来，成为对手攻击的目标。

情绪是人情感的外在表现，它反映的是一个人的心理活动，同时也左右着一个人的思想和行为。不管是成年人还是孩子，正面情绪可以让人更加冷静、自信，处理事务时也更谨慎、有条理；负面情绪则会让人焦躁、冲动，遇事慌乱、不知所措。所以，当人们学会了控制情绪并摆脱了负面情绪时，也就能更好地控制自己的思想和行动了。

其实，控制情绪也是高情商的一种表现。那些懂得控制自己情绪的孩子，情商往往也比较高。日常生活中，这些孩子在心态、心境上要比那些不能控制情绪的孩子高出一筹，他们的适应能力也比其他孩子强，也更容易得到其他孩子的认可与喜爱。

不过，毕竟是处于成长期的孩子，各方面的发育都不成熟，控制情绪的能力还比较弱，就需要父母有意识地引导，教导孩子学会控制情绪，掌控自我。

亮亮才刚进入一年级，是一个活泼可爱的小男孩，他很喜欢和班里的同学一起玩，班里的同学也很喜欢他。不过，亮亮有一个不好的习惯，那就是遇到不顺心的事情就会情绪低落，有时候还会哇哇大哭。但是哭过之后，他就又和同学们玩在一起，仿佛什么事都没有发生过一样。

亮亮爱哭的表现就是无法控制情绪的行为。为了增强亮亮的情绪自律能力，亮亮的父母专门和亮亮一起玩"抓卧底"的游戏。

相信看过《快乐大本营》节目的朋友都了解这个游戏，这个游戏的规则是这样的：选出若干参与者——一般是7个人，然后，每个人会拿到一张写有词语的卡片，其中6个人拿到的词语是一样的，剩下的一个人拿到的词语和另外6个人的词语相似（这个人就是卧底），然后大家依次描述自己拿到的词语。描述的时候既要给同伴暗示，又不能让卧底发现。

一轮描述完毕，大家轮流发言，指出谁是卧底，得票最多的人被淘汰出局，如果有得票相同的就再次投票。如果在这期间卧底被指出，那么其余6人获胜。如果玩到最后剩下2个人时,卧底还没有被指认出来,那么卧底获胜。

玩这个游戏,不仅考验参与者的语言表达能力,也考验了参与者情绪控制的能力,如果不能控制自己的情绪,则很容易让其他人发现破绽。所以说,"抓卧底"游戏能够很好地锻炼一个人的情绪自控力。

当然,除了通过游戏来锻炼孩子的情绪自律能力外,父母在日常生活中还要注意控制自己的情绪,不能让自己的情绪影响到孩子。"父母是孩子的第一任老师。"在生活中孩子首先模仿的就是父母。如果父母无法控制自己的情绪,孩子就会有样学样,同样无法控制自己的情绪。

另外,在孩子情绪不稳定的时候,父母更要控制好自己的情绪,否则只能是火上浇油,让孩子的情绪更加糟糕。

我们都知道,情绪自律是每个人都应该掌握的能力。孩子在成长的过程中,应该着重培养情绪自律能力。因为孩子无法控制自己的情绪,就会产生一系列的影响,最直接的就是会影响孩子的性情,也会影响他的人际交往能力、适应力等,最终影响到孩子的一生。而且,孩童时期能否有效控制自己的情绪很大程度上决定了孩子以后的成就。要知道,情商对一个人的影响要大于智商对一个人的影响。因此,父母在日常生活中要有意识地培养孩子的情绪自律能力。

行为自律：为期一周的自律计划

事实上，当我们在抱怨孩子没有时间观念、做事情磨磨蹭蹭，一点儿也不自律的同时，作为父母，我们是否先进行一下自省？我们自己是不是一个自律的人，有没有给自己制订一份严格的自律计划？我们对于自己的人生是否有整体的规划，我们对于当下是否有切实可行的计划，我们对于1年的工作是否有详细的安排，我们对于每月、每周、每天的时间是否做了很好地把控？如果没有，那么请先从我们自己做起，并带领孩子一起制订各自为期一周的自律计划吧。

只需要一周的时间，我们就能和孩子一起踏上自律的行为之旅。特别要注意的是，父母要和孩子一起进行训练，在孩子执行为期一周的自律计划的同时，父母也是孩子的同学、竞争对手，一起比赛，看谁最先最好地完成为期一周的行为自律任务。这是父母和孩子之间的亲子互动，也就是说，孩子和父母要建立起友好的、相互鼓劲加油的关系，只有这样，才能在行为自律的训练中，取得成效。

行为自律的最常用工具是时间表。制定时间表，可以让孩子更好地树立时间观念，有效地利用时间，提高行为自律能力。

需要注意的是，不仅仅要为孩子制定时间表，还要为自己制定时间表，最好每个家庭成员都有一张自己的时间表，并且最好能通过共同讨论的方式，来制定每个人的时间表，这样孩子会感觉公平合理有趣，感觉到竞争意识,感觉这是全家人的游戏,而不是只有自己被约束。此外,孩子还可以在这个过程中,监督其他家庭成员时间表的实施和完成情况,从而树立严格的时间观念,这也是一种自我实现的过程。

在为期一周的自律计划中,父母切忌一味地要求孩子而放任自己。现在有不少家长,一回家就捧着手机看微信看视频,对孩子不管不问,到了时间就跟孩子要写好的作业,和孩子很少交流及互动,很少有亲子游戏或者亲子阅读,这种家长,即便是给孩子制定了时间管理表,也不会有太好的效果。其实孩子需要的,不是一个冷漠的闹钟,而是父母的陪伴、鼓励和支持。

为人父母,不要找借口说自己太忙,只要把手机放下,多陪孩子一起做做行为自律训练,多陪孩子聊聊学习和生活中遇到的问题,这样,孩子才能感受到父母的爱与关怀。其实,父母们只要少看一会儿微信,少看几个视频,对孩子多一些耐心,就能够给孩子一个充满温暖和爱的童年。

另外,父母在和孩子一起制定时间管理表格的时候,既不要求完美,也不要轻易放弃。有的父母过于苛刻,觉得孩子制定得不好,或者完成得不好,就直接对孩子说:"这个做得不好,不算数,撕掉明天从头再来。"

有的父母过于怠惰,坚持了几天之后,自己就没有耐心和孩子一起进行行为自律训练了,干脆就说:"先这样吧,我比较忙,咱们过几天再说。"这样的家长,是无法带领孩子做好行为自律训练的。

其实,对于孩子来说,任何事情都要有一个循序渐进的过程。"千里之行,始于足下",开始的一两天,可能表格里大部分任务都不能顺利完成,但是没关系,哪怕每天只完成一项、两项,积累一周,也必定能够培养起孩子对时间的概念和管理时间的行为自律习惯。

下面是为期一周的自律计划表模板,父母可以与孩子一起,结合自身的实际情况,制定未来一周的行动时间表。关于行为自律任务,我们可以把一天中需要完成的事情,通过多个时间节点的方式来设置成一项一项的任务，比如几点起床、几点出门去学校、几点开始写作业等，然后每天都对这些节点的完成情况进行评估，如下表所示。

为期一周的自律计划表

日期	目标	行为自律任务	完成情况评估
周一	完成XX任务	7：00　起床 7：20　吃早饭 7：35　出门去学校 …… 19：00　吃晚饭 19：50　写作业 ……	提前完成 准时完成 个别不能准时完成 很多任务都没完成 一项任务都没做到
周二	完成XX任务	7：00　起床 7：20　吃早饭 7：35　出门去学校 …… 19：00　吃晚饭 19：50　写作业 ……	提前完成 准时完成 个别不能准时完成 很多任务都没完成 一项任务都没做到
周三	完成XX任务	7：00　起床 7：20　吃早饭 7：35　出门去学校 …… 19：00　吃晚饭 19：50　写作业 ……	提前完成 准时完成 个别不能准时完成 很多任务都没完成 一项任务都没做到
周四	完成XX任务	7：00　起床 7：20　吃早饭 7：35　出门去学校 …… 19：00　吃晚饭 19：50　写作业 ……	提前完成 准时完成 个别不能准时完成 很多任务都没完成 一项任务都没做到

第八章　开心游戏学自律：轻松培养孩子的自律能力

续表

日期	目标	行为自律任务	完成情况评估
周五	完成XX任务	7：00　起床 7：20　吃早饭 7：35　出门去学校 …… 19：00　吃晚饭 19：50　写作业 ……	提前完成 准时完成 个别不能准时完成 很多任务都没完成 一项任务都没做到
周六	完成XX任务	7：00　起床 7：20　吃早饭 7：50　家中练琴一小时 …… 19：00　吃晚饭 19：50　家庭集体学习 ……	提前完成 准时完成 个别不能准时完成 很多任务都没完成 一项任务都没做到
周日	完成XX任务	7：00　起床 7：20　吃早饭 7：50　前往舞蹈班学跳舞 …… 19：00　吃晚饭 19：50　休闲娱乐时间 ……	提前完成 准时完成 个别不能准时完成 很多任务都没完成 一项任务都没做到

小贴士：

提前完成说明孩子的行为自律能力非常优秀；准时完成说明孩子的行为自律能力非常棒；个别任务不能准时完成的孩子，父母要多点儿鼓励与支持；很多任务都没完成说明孩子的行为自律能力比较差，父母需要多费心；一项任务都没能做到，说明孩子基本上没什么行为自律能力，父母应该立即行动起来了。

自律强化：奖品与惩罚，双人互动游戏

不管是对于父母还是对于孩子来说，自律从来都不是与生俱来的，它是一种需要学习才能不断增强的能力。也就是说，父母要想让孩子成为一个自律的人，就一定要有意识地培养孩子的自律能力，并有针对性地强化孩子的自律能力。

那么，怎样才能强化孩子的自律能力呢？奖励与惩罚是最好的强化工具，我们可以通过这两大工具来对孩子的自律能力进行强化。下面是一些设置了奖励与惩罚的有趣互动游戏，可以给父母们提供一种游戏式的解决方法。

"呼号传球"游戏

【适用年龄】

6—7岁

【游戏方案】

大人与孩子面对面站立，相距2米。游戏从"1号"（大人）开始，要大声喊出自己的代号"1号"，传球给"2号"（孩子），接着孩子也要如法炮制，喊自己的代号"2号"，将球传回给"1号"（大人）。接着，要求抛球的人必须喊出对方的代号，然后才能把球扔给他。之后，增加一球，让两个球同时被扔来扔去，相互喊出代号。最后还可以把球增加至3个，游

第八章 开心游戏学自律：轻松培养孩子的自律能力

戏更加热闹。这个游戏也可以让多个家庭成员参与，依次编号，按游戏规则传球即可。

【自律能力加油站】

在嘈杂的环境里保持注意力，完成既定的任务对孩子来讲，是一个锻炼自律能力的好方法。在游戏的过程中，孩子必须集中注意力，眼观六路、耳听八方，否则稍不注意就会出错。这个游戏可以锻炼孩子很多方面的能力，比如注意力、反应速度、掌控能力、排除干扰、听取有用信息和肢体协调等。当孩子能多次传球而不出现失误时，表明孩子的自律能力很不错！

【游戏说明】

以出错的次数来排名，出错少的人可以获得奖励，如零食、游戏时间等；出错多的人则要接受惩罚，如扮小丑、表演节目等。在游戏的过程中，要注意不要力度太猛，以免出现失误砸中他人。此外，如果孩子的臂力有限可以适当缩短站位的间距。

"木头人"游戏

【适用年龄】

不限

【游戏方案】

这是一个非常经典的游戏，双方通过剪刀石头布决出胜负，胜者可以按照自己的意愿，随时喊出"木头人，不许动"的口令，负者听到口令后，即保持完全不动的姿势。胜者通过讲笑话、用美食引诱等多种方式对负者进行干扰，三分钟结束，扮演木头人的一方如果没有动，则获胜；动了，则对方获胜。

【自律能力加油站】

这个游戏非常具有趣味性,孩子只要玩起来就会乐此不疲。父母可以和孩子一起商议,怎样让这个游戏更加有趣味性和竞争性,如设置更多花样的干扰因素等,通过一起玩耍,不仅能磨炼孩子的自律能力,还能激发孩子的创造力和想象力,真是一举多得!

【游戏说明】

对于自律能力已经很强,可以在有干扰的情况下保持很久不动的孩子,可以通过适当延长"木头人,不许动"口令的生效时间,或者通过增加干扰因素的方法来加大游戏难度。游戏获胜者可以获得奖励,失败者则需要接受惩罚,奖品和惩罚方式可以由父母和孩子共同协商确定,以激发孩子的游戏获胜心,引导其主动提高自己的自律能力。

需要注意的是,强化孩子的自律能力不可操之过急,孩子的自律能力并非一朝一夕可以形成,有时候需要长时间的训练和习惯养成,所以身为父母,千万不要操之过急!

第九章
创造全新的未来:
自律贯穿
孩子的一生

习惯训练：把自律基因植入孩子生活

在现实生活中，我们发现这样一个现象：

在学校里，学习好的学生不论遇到什么情况总是能按时完成作业，而学习不好的学生即便是"发愤图强"也是"三天打鱼两天晒网"，按时完成作业的概率堪比百年一遇的流星雨。

为什么学习好的学生与学习成绩差的学生之间会存在如此巨大的差异呢？实际上，绝大多数孩子的智商差异并不大，造成这种巨大差异的最主要因素是自律能力。

自律一旦形成习惯，就会像设定好的"电脑程序"一样，对一个人的生活态度、思维方式和行为模式产生巨大的影响，从而使其形成一套非常高效的心智模式。那些"别人家的孩子"之所以学习、做事都高效率，其主要原因就是已经将"自律"当成一种事事践行、时时坚持的"习惯"。

《战国策》名篇《触龙说赵太后》中有云："父母之爱子，则为之计深远。"帮助孩子养成自律的好习惯，胜过给孩子金山银山。

从生理角度分析，短时间的"自律"并不难，没有身心障碍的孩子都能轻松完成，但长时间的"自律"并不是一件容易的事情，每个孩子几乎都会本能地选择逃避。不过，长时间自律所产生的痛苦并非不能克服，比如，大脑接到的指令是坚持跑步3分钟，转眼3分钟就过去了，大脑就会感受到"自律"是一件容易达成的事,因此它预测的痛苦就会减少,并会产生更大的驱动力促使人们去行动,同时积极正确的行动又会正面强化大脑的认知,从而形成良性循环,最终帮助孩子养成"自律"的良好习惯。

玲玲是个自律能力比较差的孩子,父母要求每晚21:00前要睡觉,但她常常为了看电视拖到深夜22:00,如果强行关电视,她便会大吵大闹,无奈之下,父母只好做出让步。在学校里,老师要求按时完成作业,但写作业哪有玩有趣,每次一写作业玲玲就忍不住抛开作业去玩游戏……自律能力的长期缺乏,使玲玲形成了一个固定的行为模式:不想做就不做。

一个长期缺乏自律能力的孩子,要想帮助他们改变"拖延"的坏习惯是非常困难的,而养成"自律"的好习惯就更加艰难。

对孩子来说,要完成的学习任务很多,如果没有自律的好习惯,遇事就逃避拖延,最终将一事无成。要想让孩子在有限的时间内,提高效率,多做事情,就必须让孩子养成自律的好习惯。

那么,家长该如何培养孩子自律的好习惯呢?

古语有云:"凡事预则立,不预则废。"很多时候,孩子之所以落后于人并不是因为智商不如别人,而是没有计划性,自律能力差,做事情主次不分,在小事上劳心费神、斤斤计较,浪费了大把的时间和精力。每个人的生命都是有限的,成功者之所以能够成功就是因为他们有计划性、自律能力强,能够提高时间的利用率。

让孩子养成做事提前计划、自律的好习惯,其实很简单,我们可以帮助孩子把近期要做的事情一项一项地列出来,加上序号、标准、期限,这样做起来才会有条不紊。

具体来说，可以做好以下几点。

1. 孩子在做一件事情时，家长可以引导孩子分步骤进行

比如，决定过几天带孩子去海边玩耍，家长可以提醒孩子，既然已经决定要去海边玩，不如我们提前想一想到海边之后要做些什么吧！这时候，只听孩子的小嘴巴滔滔不绝地说出了很多，如寻找小海螺、回来送给好朋友、划船、看动物表演，等等。

这个简单的小提醒实际上就是在帮助孩子做计划。如果家长在孩子做事情之前都能这样提醒孩子，久而久之，即便家长不再提醒孩子了，孩子也会自己思考的。慢慢地，孩子就能养成做计划的自律习惯。

2. 把各个步骤按顺序排列起来

当孩子提前想好要做些什么，这时候，家长还需要帮助孩子继续完善他的计划，那就是为每个步骤排好序，并分配好时间。比如，孩子去海边玩的时间为3天，那么家长可以提醒孩子先做什么，再做什么，然后再分配一下具体时间。这样一来，一个完整的计划即呈现出来。

3. 准备备用方案

家长需要提醒孩子，假设有意外情况出现时应该如何调整计划？比如，海边刚好下雨了，恐怕看节目计划将泡汤，只能进行海边的雨中散步了，看看雨中的海景也是不错的选择。

运动也好，读书、学习也罢，都需要持久的自律能力，自律一天两天不难，养成长期自律的好习惯却不容易。"只要功夫深，铁杵也能磨成绣花针"，父母要清醒地认识到：培养孩子的自律习惯并不是一蹴而就的事情，需要足够的耐心和漫长的引导，你准备好了吗？

理财训练：花钱，更需要有自律能力

绝大多数父母都喜欢严格控制孩子手里的零花钱，尤其是年龄较小的孩子，甚至会直接"剥夺"孩子支配金钱的机会。

在不少家庭中，都是这样一种模式：孩子想买什么东西，先请示父母，经过父母的同意后，孩子才能拿到钱，用来购买自己需要的东西。逢年过节，孩子们往往能收到不少压岁钱，"压岁钱由爸爸妈妈来帮你保管"是父母们最常见的"口头禅"，绝大部分孩子的压岁钱会被父母全部收回。

父母这样做，是担心孩子年龄还小，在花钱上没有自律能力，容易养成乱花钱的习惯。严控孩子手里的金钱，固然是为了防止孩子乱花钱，可带来的弊端更明显，孩子容易养成花钱就伸手问父母要，一有钱就赶快花光的习惯，导致孩子在花钱上没有丝毫的自律意识。

很多父母在孩子上学后会发现孩子在花钱上没有自律能力。萱萱上3年级的时候，父母发现她花钱从来都没有节制，无论给多少零花钱她都能很快花光。10元钱是这样，20元钱是这样，50元钱也是这样，用完就伸手要，可问她这些钱都买什么了她也说不清楚，只会告诉父母零花钱都花光了。

萱萱的这种情况就是在花钱上没有自律能力的典型表现。孩子小的时候，因为每天接触的只是几元、十几元的小额零花钱，所以这方面的弊端还不是很明显。但是，等到孩子走上工作岗位，开始管理自己的工资后，在钱财上缺乏自律能力的弊端就会显露出来，一有钱就很快花光，遂而成为"月光族"甚至是"超前消费族"。

对孩子来讲，越早在金钱上学会自律，就越容易掌控金钱，这对未来的生活是十分有利的。要想培养孩子在金钱方面的自律能力，父母应当给孩子适度的经济自由权，让孩子有机会管理、使用自己的零花钱、压岁钱和其他财产，而不是父母把钱捂得死死，剥夺孩子学会掌控金钱的能力。

在生活中，父母不应该在谈论金钱时有意无意地回避孩子，应该帮助孩子从小就树立正确的金钱观，帮助孩子懂得珍惜和节俭。在孩子小的时候就让孩子学会自律花钱、理智消费，并学会对金钱进行科学管理。

具体来说，父母可以从以下几个方面来对孩子进行理财训练，以帮助孩子在消费问题上形成自律的好习惯。

1. 定额、定时给零花钱

父母可以根据孩子的情况，每周或者每月给孩子一定数目的零花钱。这笔钱是固定的，要告诉孩子零花钱的使用规则，如果在这个期限内花完了，父母是不会再给零花钱的。

父母应该明确告诉孩子零花钱的主要用途是用于平时买早点、纸笔、交通的费用，让孩子自行安排这笔钱的用途。当然了，大的开支仍可由大人来付。父母可以鼓励孩子主动记录零花钱的支出情况，多表扬、激励孩子适当花钱的行为，同时也要提醒、监督孩子不要乱花钱。如果孩子提前将零花钱用光了，要问清情况，酌情处理。

2. 及时制止孩子乱花钱的行为

现在的孩子多数都是独生子女，再加上绝大多数家庭比较富裕，所以很多父母在给孩子零花钱的时候是没有概念的，只要孩子张口要钱了就会满足。但是，父母这种处理态度是欠妥当的，既不利于孩子建立正确的金钱观，也不利于孩子形成花钱自律的好习惯，还会让孩子觉得只要没钱了就可以找父母要。所以，父母对孩子乱花钱的行为，一定要态度坚决地说"不"。

父母给孩子零花钱一定要有节制，如果孩子提前将零花钱花光了，原则上，要对孩子再要钱的行为说"不"，同时应让孩子明白：钱已经给你了，你有权以任何方式用掉它，而如果用光了，就应该为自己的盲目消费埋单。

3. 教会孩子如何赚钱

很多父母只会教孩子如何花钱，但是从来都不教导孩子如何赚钱。培养孩子赚钱的理财意识是孩子财商教育的一个重要方面，父母应当教孩子一些正确的赚钱途径。比如，以孩子的名义在银行开一个账户，鼓励孩子把钱存入银行；可以让孩子做一些力所能及的家务活，然后父母给予孩子适当的报酬；还可以鼓励孩子做一些兼职。总之，要让孩子懂得赚钱的原因和途径，为孩子将来的投资理财奠定良好的基础。

理财训练是孩子成长过程中的重要训练内容，父母要尽早让孩子自己去处理手里的金钱，这样才能让孩子在金钱问题上养成自律的好习惯，从而为将来获得更佳的财务状况奠定基础。

守时训练：一点一滴强化孩子的自律能力

M·斯科特·派克在《少有人走的路》里这样写道："自律，是解决人生问题的首要工具，也是消除人生痛苦的重要手段。"对于孩子来说，不管是写作业拖拖拉拉，还是起床洗漱磨磨蹭蹭，都是因为在时间上不自律。

守时守信是做人的根本，不信守承诺的人不值得被尊重，并且难以在社会上立足。古往今来，人们都崇尚"言必信，行必果"的君子作风。守时守信的人，在学习和工作中都更容易得到他人的肯定，也更容易成功。因此，父母应该引导孩子做一个守时守信的君子，确保孩子能够说到做到。

孩子在时间上不自律，一方面会影响其学习效率，养成拖延的坏习惯；另一方面还会给孩子造成巨大的心理压力，影响其心理健康。心理学家指出：人一旦做出承诺，那么在他的心里就会出现一种声音，一种督促他遵守承诺的声音。这种声音是无论如何也不能磨灭的，因为它发自人的本心。如果最终结果表明承诺得以被遵守，那么这种声音会演变成一股对自我肯定的力量。在这种力量的作用下，人的自律能力会变得越来越强。相反，如果最终结果表明承诺没有被遵守，那么这种声音也会演变成一股对自我谴责的力量。在这种力量的作用下，人们的自信心将会受到很大打击,同时自律能力也将受到冲击。

很多时候,帮助孩子培养一个好习惯并没有我们想象中的那么复杂。孩子的适应能力非常强,只要家长能够狠下心来坚持两三次,就能帮助孩子养成一个好习惯。那么,要想让孩子养成守时守信的好习惯,家长具体应该怎样做呢?

1. 父母要守时守信

孩子的模仿能力很强,很容易受到父母的影响。如果在日常生活中,父母不能做到守时守信,孩子必然会加以模仿。所以,要想培养孩子守时守信的习惯,父母首先要做到言行一致。父母是孩子最好的老师,父母只有以身作则,才能潜移默化地影响孩子。如家长答应了给孩子买玩具,就一定要买给孩子,不能言而无信。久而久之,孩子也会跟着父母学得守时守信。

2. 强化孩子的时间观念

对于年龄比较小的孩子,可以通过早起穿衣服来强化孩子的时间观念。

首先父母要先摸清孩子穿衣服的能力,然后有针对性地制订方案。比如,孩子能快速穿好衣服,但总是拖拖拉拉,那么父母就应该和孩子讲明时间、讲清后果,告诉孩子必须要在 5 分钟内把衣服穿好,如果 5 分钟还没有穿好,那么每超过 1 分钟,晚上就得提前 1 分钟上床睡觉或者少看 1 分钟电视。

此外,还可以根据固定的起床、洗漱时间,制定吃早饭的时间表,要求孩子必须准时坐到餐桌旁,否则就吃不到早饭。

这些做法看似很严格,实际上对于培养孩子在时间上的自律非常有效。

3. 让孩子按时写作业

对于低年级的孩子来说，学习的自主性、独立性、自律能力都还没有成形，写作业还需要家长的督促与指导。家长的耐心引导对孩子能否形成按时写作业的自律习惯起着非常重要的作用。

那么，怎样指导和督促孩子认真完成作业，不拖拉、不延迟呢？

首先，父母要注重培养孩子的作息习惯，比如指导孩子制定作息时间表，并督促其遵守作息制度。需要注意的是，在执行作息时间表时，要有一定弹性，要充分考虑作业量的大小，适当调整作息时间。

其次，父母要及时查看学校发布的作业信息，安排好孩子写作业的顺序和时间，做好家校配合工作。

再次，根据作业的数量与难度，指导孩子安排写作业的时间与顺序。一般原则是先易后难，先简后繁。

又次，做作业时，先让孩子独立完成。遇到不理解题意时，父母可以适当提示，但绝不能代替与包办。重点在方法上给予指导，不要把题目解答过程都说透，这样才有利于孩子思维能力的发展。

最后，父母要对孩子完成作业的情况做出评价，通过夸奖、引导、鼓励等方式引导孩子提高写作业的效率，缩短写作业的时间，避免孩子一写作业就出现"磨洋工"的情况。

独立训练：根治孩子的"依赖症"

在现实生活中，自律的孩子往往各有各的精彩，而不自律的孩子却有着非常相似的经历：老师布置了一大堆作业，明知道自己要写作业了，可总是忍不住再玩一会儿，或是看电视，或是玩手机，抑或是翻箱倒柜找吃的，时间一点一点过去，实在没办法了才会拿起笔，草草了事。

不自律的孩子，在学业上容易陷入恶性循环：平时写作业不自律，作业质量差，等到了考试时，又后悔不已，后悔当初为什么就不能自律一点，后悔那些白白浪费掉的时间，后悔那些错过的学习时机。但到了写作业的时候，他们又旧态萌发，陷入新一轮的放纵—后悔循环。

父母们都希望自己的孩子能养成自律的好习惯，不用大人管，省时省力又省心。但与此同时，绝大多数父母又无法真的做到放手，而是花费数不清的时间和精力"管"孩子，可往往管来管去，孩子不仅没能养成自律的好习惯，反而得了"不催不动""不管就放羊"的依赖症。

自律来自独立，一个不独立的孩子，不可能养成自律的好习惯。科学家将孩子的3~6岁称为"潮湿的水泥期"，意思是说孩子85%的性格、习惯和生活方式都在这一时期形成，将7~12岁称为"正凝固的水泥期"，这一时期孩子85%~90%的性格、习惯等已经形成。培养孩子的独立能力和自律能力，一定要抓住3~12岁的黄金时期，否则一旦孩子的性格、习惯已经定型，再想做出改变就更加困难。

培养孩子的独立性，重点在于让孩子遇事有主见。比如，吃什么、穿什么都要询问父母的意见，自己没有任何想法；玩什么、怎么玩，也需要父母来做主；甚至有的孩子已经上了学，但是学校组织一个很小的活动，还需要回来问问父母，自己可不可以参加……一个没有主见的孩子，必然缺乏独立精神，也不具备自律的能力。

在实际生活中，很多孩子因为父母的过度保护而变得没有主见，这很有可能会影响到孩子的一生。在心理学领域，美国社会心理学家哈罗德·西格尔提出了一个很著名的"改宗效应"，即当一个问题对某人来说很重要时，如果他在这个问题上能使一个"反对者"改变意见而与自己保持一致，那么他宁愿要那个"反对者"，而不会要一个"同意者"。

"改宗效应"很明确地告诉父母，如果孩子在生活中没有主见，只会跟着别人的想法做事，就会给人没有能力的感觉，很有可能会因此而被人忽视；相反，如果孩子敢于直言是非，就会给人更多的感染力，反而会得到更多人的喜爱。

父母在教育孩子的过程中，一定要注意培养孩子做事情有主见，不要只教会孩子顺从、附和、讨好，而是要让孩子成为一个有自我观念的人，只有这样才能为孩子养成自律的好习惯打下坚实的基础。

孩子是一个独立的个体，不是父母的"应声虫"。孩子喜欢模仿，小的时候对于父母有很强的依赖性，做事不喜欢自己动脑思考，而是把父母当成权威，父母说什么就是什么，长此以往，孩子就会缺乏主见，喜欢盲从。父母在教育孩子的过程中，千万不要包办一切，而是要有意识地对孩子进行独立训练。

具体来说，可以从以下两方面着手。

1. 多创造一些让孩子自己做主的机会

父母在生活中要多创造一些让孩子自己做主的机会，生活中的一些无关紧要的小事完全可以交给孩子去拿主意。比如，让孩子决定穿什么衣服、玩什么游戏、过生日时请哪些小朋友。孩子大了以后，家里的一些事情也可以让孩子参与进来，比如客厅怎样整理会显得更整洁，孩子的房间怎样布置等。不管孩子所说的是否可行，父母应尽量尝试采纳孩子的建议，久而久之，孩子越被肯定就越独立。

2. 一定要尊重孩子的想法

有些孩子自我意识觉醒早，很早就有了主见。所以，当孩子表现出自己很有主见时，父母一定要尊重孩子的想法，千万不要强迫孩子按照自己的想法来做事。否则，孩子的独立思考能力就可能被父母的专制所磨灭。对于父母来说，最重要的就是给孩子一定的自由权限，让孩子自己去选择。

在孩子成长的过程中，父母一定要警惕孩子的盲从行为。一旦发现孩子遇事没有主见，就一定要改变自己的沟通方式和教育态度，有意识地培养孩子自己做主的能力。

合作训练：孩子会自律，合作才顺利

自从进入工业文明以来，社会分工越来越细，人与人之间的合作关系越来越密切，个人英雄主义的时代被扔进了历史的垃圾堆。进入21世纪，互联网时代的到来，更是让人与人之间的合作突破了空间的限制，合作意识成为对个人发展至关重要的影响因素。当今社会，那些善于合作的孩子将拥有更美好的未来。

现在，每个孩子都是父母心中的宝贝，更是一家人的中心，真是"含在嘴里怕化了，捧在手里怕摔了"。在这样的环境中成长的孩子，很少懂得为别人着想，在与人交往的过程中，往往会以自我为中心；在同人合作的过程中，往往会出现互不相让的情况。

父母在孩子成长的过程中，要有意识地培养孩子的合作意识，提醒孩子应当为别人着想，引导孩子言行自律，以便与合作伙伴建立更融洽的合作关系。著名教育家叶圣陶在教育儿子叶至诚时，就十分重视培养他凡事多为别人着想。有一次，他让儿子递给自己一支钢笔时说："递一样东西给人家，要想到人家接到手里方便不方便。你把笔头递过去，人家还要把它倒转过来，如果没有笔帽，还要弄得人家一手墨水。递刀子、剪刀这类东西更是如此，绝不要拿刀口、刀尖对着人家，那样会把人家的手戳破了的。"

一个人如果想与别人开展良好的合作,首先要成为一个了解别人需求并为别人着想的人。很多家长都批评自己的孩子不会为他人着想,说自己的孩子以自我为中心。而事实上,孩子只有在5岁之前才是以自我为中心的,主要关注自己的感受和动作变化,这一时期在心理学上称作"前道德阶段"。

在这一阶段,父母应该给孩子足够多的关爱及帮助。但是,当孩子过了5岁以后,父母就要告诉孩子主动为他人着想,培养孩子的合作意识。大多数孩子都很聪明,但是一旦与别人合作却很难做到最好。归根结底,就是孩子们没有合作意识,不懂得换位思考,缺乏约束自己言行的自律能力。

身为父母,我们怎样才能帮助孩子学会自律与合作呢?

1. 引导孩子换位思考

让孩子学会站在别人的角度,设身处地地为别人着想,即常作换位思考,这是引导孩子为别人着想的有效途径。父母可以以自身为例教会孩子明白这个道理。例如,孩子在外面玩疯了,总是忘记告诉大人自己在哪儿,大人可以这样跟他说:"假如我是你,你是我,我在外面玩儿而不告诉你我在哪儿,天黑了,我还没有回来,你会怎么想?"

如果孩子真的能从大人的角度去换位思考,那么他就会明白对方会有什么样的感受,也就可能改掉这个不好的习惯,更为重要的是会逐渐培养替别人着想、理解别人、站在别人的角度来考虑问题的好品质。

父母应该鼓励孩子去感受别人的处境、体谅别人的难处、设身处地地为他人着想,这样有利于培养孩子的爱心、合作精神和言行自律的能力。

2. 帮助孩子学会自律

费·夸尔斯说:"人一生下来就离不开别人,谁只为自己活着,谁就枉活一世。"人是社会性群体动物，总是要参与群体当中，要想与他人建立良好的关系，就一定要学会自律。占有欲是人的本能，父母要引导孩子学会分享；人都喜欢以自我为中心，但要想让孩子与他人和睦相处，父母就要引导孩子把目光分出一些去关注他人……在孩子成长的过程中，父母要充分发挥榜样的作用，帮助孩子约束自己的言行，引导孩子为他人着想，养成言行自律的好习惯。

诱导训练：强化孩子的自律能力

孩子在成长的过程中，会遇到各种各样的诱惑，比如电视、游戏机、手机等，这些无处不在的诱惑，对孩子的自律能力提出了更高的要求。在现实生活中，不少孩子沉迷于电子产品，缺乏行为自律能力，甚至有些还没进入小学就早早出现了视力问题，只能戴上眼镜来矫正视力。

其实，诱惑本身并不可怕，可怕的是孩子没有自律能力。一个有自律能力的孩子，即便遇到了各种各样的诱惑，也不会误入歧途。父母可以借助生活当中的诱惑，通过诱导训练，来引导孩子的行为，培养和强化孩子的自律能力。

1. "网瘾"诱导训练

随着电子信息技术的发展，大大小小的网吧充斥大街小巷，无数逃学的孩子在电脑前鏖战不休，沉迷于虚幻的网络世界里，这种现状让无数父母忧心忡忡。

沉迷网络会给孩子的成长带来负面影响：一是网络比学习更有趣，容易让孩子厌倦学习；二是孩子长时间盯着电脑屏幕，视力会急剧下降；三是由于父母的不支持，大多数孩子都是背着父母玩游戏，因为没有经济来源，他们为了支付自己上网的费用，甚至会走上犯罪道路。

不少父母把"网瘾"视为洪水猛兽，一旦得知孩子有网瘾之后，就会第一时间把孩子监控起来，孩子去哪里都要向父母汇报。甚至有些父母采取的措施更为偏激，把孩子关在家里，二十四小时都不让出门。

大家都知道治水宜疏不宜堵，其实对孩子的教育也是如此。父母越是不允许孩子接触网络，越是容易激起孩子的好奇心，所以简单粗暴地阻止孩子接触网络是不可取的，而是应该科学引导孩子有节制、有目的地上网。父母可以通过授予孩子上网玩游戏的权利，辅以双方约定好上网的时间，来引导孩子在面对网络时仍能保持行为自律。

2. "异性"相处训练

近年来，孩子的"早恋"问题已成为越来越多父母的一块心病，尤其是对于那些处在青春期的孩子，父母更是操碎了心。

为了杜绝孩子"早恋"，广大父母使出了各种各样的招数：不允许孩子与异性接触；只给孩子买肥肥大大的运动装，不许孩子打扮；周末孩子出门玩耍，必须要仔细报备和谁玩，且还要不定时查岗……

实际上，父母完全不需要对孩子与异性之间的交往草木皆兵。研究表明，正常的男女间交往有利于相互了解，消除男女之间的神秘感，使得孩子在面对异性时更有"免疫力"，帮助其提升自律能力；同时，还可以起到智力上互渗、情感上互慰、个性上互补和学习中互激的作用。

即使孩子早恋了，作为父母，也不宜把早恋看成十分邪恶的事，也不要把早恋和品质恶劣、不求上进画等号。父母可以在一定程度上鼓励和支持孩子与异性相处，同时给孩子传授一些与异性相处的经验、注意事项等，如此一来，对于培养孩子的行为自律能力会有不小的帮助，也有利于孩子形成正确的恋爱观、婚姻观。

3. 干扰性训练

当孩子有一定的自律能力之后，我们就可以通过增加"干扰性"因素的方式,来帮助孩子进一步强化自律能力。比如,当孩子写作业时,把他非常喜欢的课外阅读或玩具放在其视线之内,检验孩子能否忍住诱惑,按照原定计划先写作业再玩耍。父母在选择干扰性因素时,可以根据自家孩子的实际情况来挑选"诱惑物品",且要根据诱惑程度的大小排好顺序,然后根据从小到大的顺序,循序渐进地进行训练,必要时,为了鼓励孩子抵御干扰,可以设置一定的奖励或奖品。

此外,还可以通过逐步减少监管的方式来强化孩子的自律。比如,父母从每天检查孩子作业完成情况逐步过渡到抽查,甚至不查,以此来给孩子更大的自由空间,引导孩子从在被父母监督中自律逐渐朝着无监督时也能自律成长。逐步减少监管的方式多种多样,比如父母可以设立"独立日""独立期",看孩子在父母"无为"的情况下或者"不在家"时能否仍按照正常的作息时间安排生活、学习等。

挫折训练：教孩子用自律调节不良情绪

父母总希望孩子的生活事事如意、一切顺利，但在孩子成长的过程中，既会有一帆风顺、事事顺心的体验，也会遇到各种各样的挫折。挫折不是以人的意志为转移的，也不是父母把孩子放进温室中精心呵护就可以避免的。

既然孩子成长道路上所要经历的挫折不可避免，那么，父母要做的不是为孩子遮风挡雨，而是要教会孩子怎样去面对挫折、处理挫折。

日本教育界有一句名言："除了阳光空气是大自然赐予的，其他的一切都要通过劳动获得。"这句话所透露出的教育理念，就是多给孩子一些挫折训练，让孩子在不断吃苦、劳动和受挫中，培养自食其力的能力。

挫折，必然会带来情绪上的消极，意志消沉、自我怀疑、没有信心、灰心失望……但我们可以帮助孩子学会用自律去调节遭遇挫折后的不良情绪。

那么，开启孩子的挫折训练，具体要怎么做呢？

想要对孩子进行挫折教育，首先要给孩子打好"预防针"。如果孩子从来都没有经历过挫折，在第一次经历挫折的时候就会产生挫败感。如果父母不能帮助孩子调整好心态，孩子可能就不敢尝试下一次了。所以，父母要帮助孩子正确认识挫折，对于一些年龄较小的孩子，父母要多鼓励、

第九章 创造全新的未来：自律贯穿孩子的一生

多示范，引导孩子多做几次，直到成功；对于一些已对事物有较深认识的孩子，父母可以明确告诉他挫折不可躲避、不可转嫁，但是可以战胜。

很多父母可能会说，如今的生活条件这么优越，哪会有那么多的机会让孩子去经受挫折。其实，父母可以"创造"挫折的情境，帮助孩子去接受挫折。

在这方面，国外的父母做得就比较好。德国的父母从不代替孩子做他们力所能及的事情。孩子到了14岁，法律就要求孩子主动承担一些家务，即使孩子做得不好，父母也不能代替孩子做这些事情；而加拿大的父母非常注重培养孩子未来在社会上生存的本领，在孩子上学之后就会要求其去找一份简单的工作。加拿大的孩子也非常喜欢做这些事情，他们从来都没有因此耽误过上学，也很少有孩子为此而愁眉苦脸、抱怨父母。相反，他们总是快快乐乐地完成自己的工作。

父母应该明白，给孩子一些任务，让孩子去承担一些挫折，对于他们来说并不是一件特别痛苦的事情；相反，大多数时候他们的内心是很快乐的。因为对于小孩子来说，尝试新的事物，会激起他们的好奇心，同时他们的能力也会得到提升，内心当然是快乐的。

适当的挫折是帮助孩子成长的有益因素。若父母过于保护孩子，将挫折与孩子隔开，那么孩子只会是温室里的花朵。等他步入社会之后，突然失去父母的庇佑，便经不起任何风吹雨打。所以，父母要清楚地认识到：没有挫折的童年，换来的可能是孩子渺茫无望的未来。

现实中，还有很多父母在生活上精心照顾自己的孩子，给孩子准备好生活中所需的一切，帮孩子解决其成长路上遇到的所有难题，甚至很多父母连孩子以后结婚生子的事情都准备好了。父母确实给了孩子无微不至的爱，但这种爱的实际后果又是什么呢？孩子会觉得父母给自己的一切都是应该的，于是他们会心安理得地享受父母的赠予，甚至不懂得感恩。父母的这种照顾，只会培养出孩子的自私任性，想要什么东西都会通过哭闹来获得，使解决问题的能力变得极差。

很多孩子在家时非常蛮横，说什么就是什么，无法无天；但是一到外面就像凋谢的花朵一样蔫蔫的。这是因为孩子早已摸清了父母的套路，知道用什么样的"手段"来要求父母满足自己的心愿。但是孩子长大后，发现用在父母身上的那一套对外面的人并没有用，于是孩子就失去了解决问题的能力，面对陌生人时一句话都不敢说。

对孩子进行挫折教育，是非常有必要的。在孩子遭遇挫折而意志消沉时，父母可以多给孩子一些鼓励，引导其建立调节情绪的自律能力，以免被挫折击败，陷入灰心失望的情绪深渊，从此一蹶不振。对孩子进行适当的挫折教育，有助于帮助孩子提高应对不良情绪和承受压力的能力，还能增加孩子处理事情的经验，对于孩子今后的成长大有裨益。因此，与其将孩子关在温室中处处保护，不如对孩子进行挫折教育。虽然孩子会受到一时的压力，但是就像在轻轻压迫一个弹簧一样，会让孩子弹得更高。

参考文献

1. 怀左同学：《我这么自律，就是为了不平庸至死》，北京联合出版公司 2018 年版。

2. ［美］马歇尔·古德史密斯、马克·莱特尔：《自律力：创建持久的行为习惯，成为你想成为的人》，张尧然译，南方出版传媒、广东人民出版社 2016 年版。

3. 舒娅：《从拖延到自律：超级自控力训练计划》中国纺织出版社 2019 年版。

4. time 刚刚好：《养成自律，从来都不靠硬撑》，台海出版社 2021 年版。

5. 卡西：《你有多自律，就有多自由》，中国致公出版社 2018 年版。

6. 小野：《自律力》，北京联合出版公司 2017 年版。

7. Kris：《引爆自律力》，机械工业出版社 2019 年版。

后记：自律的孩子更出众

网上有一个关于自律的问答：那些不自律的孩子，长大之后过得怎么样？相信这个问题，也是家长十分关心的话题，接下来让我们看一看网友们的回答：

"小时候本来想当一名科学家，现在在一家小公司干销售，没能成为自己想成为的人，实现梦想就更不用提了。"

"每天都在被迫地生活、被迫地工作，被外界各种力量推着走，感觉自己是一个被操纵的木偶，对这个世界毫无掌控力。"

"苹果的创始人乔布斯、特斯拉CEO马斯克改变了世界，而我一直在被这个世界改变着，人和人之间的差距真是一个天上一个地下。"

"哎，重度拖延症患者说道，能明天做的事，今天肯定不会做的，我已经彻底放弃治疗，躺平不做挣扎可能更适合我。"

……

自律的孩子与不自律的孩子，拥有的是完全不同的人生。自律的孩子将更出众，而不自律的孩子在长大后会被汹涌而来的名为"社会"的洪流冲击得东倒西歪。现代社会高速发展，人与人之间的竞争也越来越激烈，一个不自律的孩子，是很难在未来的工作中"出头"的。

后记：自律的孩子更出众

此外，社会上的诱惑各式各样，色情、暴力、毒品、犯罪、消费主义……身为父母，想必都希望孩子能够远离这些不良诱惑。但父母无法陪伴孩子一生，也无法时时刻刻提醒孩子，更无法一直把孩子保护在羽翼之下，当孩子面对这些诱惑，要靠什么去保证正确的人生方向？很显然，只能靠自律能力。

正如萧伯纳所说："自我控制，是最强者的本能。"一个自律的孩子，可以依靠自律来解决人生中的大多数问题。不管是身体上的管理，还是事业上的拼搏，抑或是恋爱、婚姻、感情等，唯有严格自我管理的孩子，长大后才可能得到自己想要的东西。

"你必须非常努力，才能看起来毫不费力。"实际上，网上这句非常流行的励志语，说的也是自律。天鹅在水面之上的身姿非常优雅，但水面下是它们一直不停滑动的双脚。身为父母，要想让孩子能够掌控自己的人生，成为自己的主人，就一定要努力把孩子培养成一个自律的人。

自律的孩子，有着明确的目标和人生方向，可以坚定不移地执行计划，能够积极主动地朝着自己的目标努力，因此最终可以得到自己想要的结果。

形式上的自律是令人非常痛苦的，但一旦孩子有了一个可以真心为之努力、奋斗的梦想，那么自律就会变成一件有意义的事情，自律也就不再让人感到痛苦、焦灼、吃力。世界上最好的自律就是忘记自律这回事，当孩子一心为了梦想而行动的时候，自律就是自然而然的事情了。

日本现代著名小说家村上春树就是一个非常自律的人，从1982年开始，他每天固定在早上5点起床，写作几小时，然后出门长跑，三十几年如一日，从未间断过。如此强大的自律能力和意志力，实在令人佩服，有记者采访村上春树，希望他和大家分享一下坚持自律的秘密。村上春树十分坦然地分享了自己的体会:"只要你有渴望,那么自律一点也不痛苦,而是像呼吸一样自然,几乎不用费什么力气,就可以一直坚持下去,久而久之就成了伴随一生的习惯。"

正如《哈佛图书馆二十条训言》里所说:"谁也不能随随便便成功,它来自彻底的自我管理和毅力。只要有想要改变自己的决心和毅力,自律就不会是一件痛苦的事。"

自律能够带给孩子的,将会是深层的、内在的改变。自律的孩子更出众,不自律的孩子将出局。俗话说,"授人以鱼,不如授人以渔",父母让孩子养成自律的好习惯,才是赐予孩子一生无忧的财富。